鹿児島大学島嶼研ブックレット

⑥

TOUSHOKEN BOOKLET

自然災害と共に生きる —近世種子島の気候変動と地域社

佐藤宏之 著

SATO Hiroyuki

●目 次●

自然災害と共に生きる—近世種子島の気候変動と地域社会

Living with Natural Disasters: Change of Climate and Community in Tanegashima Island in the Early Modern Ages

SATO Hiroyuki

I　はじめに

二〇〇〇年代に入り、これまで想定されていたレベルをはるかに上回る豪雨や台風、噴火、地震、津波などによる大規模な自然災害が日本各地で立て続けに発生しています。わたしたちにとって、いまや防災・減災は常に意識して生活しなければならなくなってきているといえるでしょう。

わたしたちは、自然災害の発生自体を止めることはできませんが、それによる被害を最小限に食い止めることは可能です。いまを生きるわたしたちに求められている力は、災害を単に恐れるだけではなく、それを科学的に見る目を養い、そこから得た知識や情報を自分の生活に活かし、防災・減災に役立てるような対応力であり、行動力ではないでしょうか。

なかでも鹿児島県は、桜島や新燃岳などの火山噴火に対する防災のほか、多くの島嶼地域を抱えているため、台風や集中豪雨などに対する防災にむけての社会システムの構築が課題となっています。特に、広大な海域に点在する無数の島々からなる島嶼地域は、これまでも毎年のように集中豪雨や台風、旱魃、疫病に見舞われてきました。とりわけ、台風と旱魃による被害が顕著に発生し、農業生産基盤の脆弱な島々では大きな被害を出してきたのです。また、いつ発生するか分からない日向灘や南海トラフ地震などは、揺れや津波による大きな被害が予測され、島嶼地域では特に注意が必要です。

こうした島々は、周りを海に囲まれ、独自の自然、文化、社会経済システムが存在している一方で、地球温暖化や経済のグローバル化など、さまざまな環境変動の影響を強く、しかも迅速に受ける地域でもあります。したがって、さまざまな環境変動に対する影響を考え、その適応策を提言する場所として、島嶼地域は最適な地域ということができるでしょう。

そこで本書では、江戸時代の種子島において、どのような気候変動や災害が発生し、それにいかに社会が対応していたのか、論じていくことにしたいと思います。

ところで、将来的な防災・減災に役立てるような対応力や行動力を養うために、なぜ江戸時代の、しかも種子島を素材としなければならないのか?そう思われる読者の方もいるでしょう。

近年、気象観測が行われていなかった歴史時代のさまざまな気候変動を、樹木やサンゴの年輪、鍾乳石（石灰洞（鍾乳洞）の天井にたれ下がる、白色に近いつらら状の石灰岩）、年縞堆積物（湖底などで、一年ごとの縞模様（年縞）が見られる堆積物）、アイスコア（氷床から取り出された筒状の氷の柱で、気温、海水量、蒸発量、化学物質や低層大気の成分、火山活動、太陽活動、海洋の生物生産量などさまざまな気候に関する指標が含まれる）、古文書などの多様な気候の代替指標を用いる「古気候学」の発展によって、年～月単位で詳細に復元できるようになってきました。東アジアにおける樹木年輪幅の広域データベースから、西暦八〇〇年以降の「夏の気温」が年単位で復元され（Cook et al. 2013）、その東アジアの夏季平均気温の変動と日本のそれとがある程度一致していることが確認されています。

また、江戸時代は世界史上稀にみる文書社会といわれており、この種子島にも種子島家によって江戸時代から明治時代にかけて編纂された同家の歴代系譜、年譜である『種子島家譜』が現存しています。そのため、江戸時代を通じた気候変動に対する村・藩・幕府等の意志決定のあり方を分析することができるのです。江戸時代の人びとは、気候変動に対して、ただ手をこまねいて、それを運命として享受していただけではありません。危機に直面して、あるいは危機を予見して、人びとはさまざまな短期的・長期的な対策を試みています。したがって、『種子島家譜』を用いれば、気候と歴史の関係について、より正確な因果関係をあきらかにすることができるはずです。しかも、これらの史料は、なにも偶然そこに残っていたわけではありません。『種子島家譜』がさまざまな政治的変動や災害（戦災・自然災害）、歴史書の編纂事業、他文書の流入といった、いくつもの史料滅失の危機から免れ、大切に保管されてきた史料であるということも重要です。

本書では、こうした史料を用いて、気候変動に起因する社会の崩壊を避けるための先人たちの知恵や努力に歴史の教訓を学んでみたいと思います。

Ⅱ　近世種子島の地形・歴史・土地・人口・生業

それでは種子島とはどのような島なのでしょうか。本章では、地形・歴史・土地・人口・生業の観点から迫ってみたいと思います（『角川日本地名大辞典』『日本歴史地名大系』）。

1　種子島の地形

種子島は、大隅半島の南方約三五キロメートルの海上に浮かぶ、面積約四四四平方キロメートル、南北の長さ約五七キロメートル、幅約一二キロメートルの、南北に細長い島です。島の最も高い地点で標高二八二・三メートルであり、全島が台地ないしはなだらかな丘陵地状の地形を示している低平な島です。標高一〇〇メートル以上の丘陵地は島の北半部に広く分布し、台地は南半部に多く見られます。島の周囲には、海岸段丘がよく発達し数段に及んでおり、東岸は磯が多く、西岸と南岸には長浜や前之浜のような大規模な砂浜海岸が発達しています。その砂浜海岸には背後に砂丘も見られ、砂鉄が分布していました。砂鉄は古くから利用されたらしく島内にたたら跡が数か所確認されています。河川はいずれも短く、島北部に西京川・湊川・甲女川・川脇川、島南部に宮瀬川・郡川・鹿鳴川などがあります。特に、南部の三河川の流域には水田が開け、島最大の穀倉地帯となっています。

2　種子島の歴史

古くは多褹島(たねがしま)・多禰島(たねがしま)と記し、『日本書紀』天武天皇六年（六七七）二月条に飛鳥寺の西槻下で「多禰嶋人等」を饗したとあるのが初見です。

大宝二年（七〇二）に令制国として、壱岐島や対馬島と同じく島として国に準じた行政区がなされ、隣の屋久島も含めて多禰(たね)（多嶋(たね)）国が置かれ、島北部に能満(のま)郡、南部に熊毛郡が設けられました。中央より国司が任じられ、多禰守として二島を支配しました。しかし、多禰国は天長元年（八二四）に廃止され、能満郡は熊毛郡に統合し、大隅国に編入されます。鎌倉時代には見和氏（「御家人見和平次有光」）、肥後氏（名越高家の代官肥後次郎入道）が支配し、室町時代以降には肥後氏の支族である種子島氏がこの地を治めました。

天文一二年（一五四三）、種子島時堯(ときたか)の時に鉄砲伝来のことがあったのは有名で、明の使節鄭舜功(ていしゅんこう)の著『日本一鑑(にほんいっかん)』（戦国時代の日本に関する情報を収集し編纂した日本百科全書）には「手銃、初め仏郎機国（ポルトガル）にいず。国の商人初めて種島の夷の所作を教ふ」と見えます。

文禄四年（一五九五）六月、種子島久時は知覧に移封され、当島は島津以久に与えられたが（『島津国史』）、慶長四年（一五九九）六月、久時に返されます（『種子島家譜』）。薩摩藩は、琉球を除く領内を一一〇余の外城という行政区分に分け、外城衆中と呼ばれる武士たちを配置して、地方行政や防衛の任にあたらせていました。この種子島もまた、種子島氏の私領となり、全島一郷（一外城）の種子島郷として推移しました。そして、西之表に入部以来本城とした赤尾木城があり、麓（城下町的機能を有した集落）が形成されました。

3　種子島の土地

寛文四年（一六六四）の「郡村高辻帳」や天保五年（一八三四）の「天保郷帳」では、西表村（八一七石余）、国上村（三七〇石余）、住吉村（三八一石余）、納官村（三三二石余）、野間村（六三五石余）、油久村（七四八石余）、島間村（八七八石余）、茎永村（五〇五石余）、中之村（五三六石余）の九か村（五二〇五石余）に村切（村の境界を定め、近世村落の範囲を確定すること）されています。

一方で、元禄二年（一六八九）の「懐中島記」では、先の村に安納村（八八石余）、現名村（四五二石余)、古田村(五五石余)、安城村(二〇七石余)、増田村(四七一石余)、坂井村(六四七石余)、平山村(七九九石余)、上里村(一六三石余)、西之村(四四〇石余)の九か村を加え、一八か村一万二三六石四斗一升七合、寺社領四〇一石五斗四升五合であったことが記されています。宝暦五年(一七五五)の「三州御治世要覧」では、上里村を除く一七か村一万一〇〇〇石余であったことが記されていますし、文化元年(一八〇四)の「神社仏閣其外旧跡等糺帳」や化政年間(一八〇四〜一八三〇)に作成された「種子島記」でも、一八か村(前者一万六四石七斗五升七合六夕六才/後者一万九五石)と記されています。文政九年(一八二六)の「薩藩政要録」では、所惣高一万六七石六斗五升六合三勺三才(嘉永七年〈一八五四〉の「要用集」では所惣高一万六七石六斗五升六合三勺二才となっています)、家中高三五三〇石一斗九升二合五勺、そのうち寺社高が四三五石三斗四升二合六勺九才と記されています。このように江戸時代を通じて、種子島の村々は一八か村で推移していたと考えることができます。

その種子島の中心は西之表村でした。村の東部には領主仮屋で種子島氏の居城であった赤尾木城があり、西部の赤尾木港(現在の西之表港)は島内最大の良港として栄えました。西之表村の麓地区には、本源寺(種子島氏の菩提所)・慈遠寺・大会寺などの寺院や一九代種子島久基(栖林公)を祀る栖林神社などがありました。また、南部の茎永村と中之村で全島面積の約三〇パーセントを占めていたことが知られます。

4　種子島の人口

それではこの種子島に、どのくらいの人びとが暮らしていたのでしょうか。

表1は、各史料にみられる種子島の人口の推移を一覧にしたものです。これによると、元禄八年（一六九五）にわずかな減少があり、文化年間に後述（Ⅳ、Ⅴ章）するような度重なる天災によって人口の減少が見られるものの、次第に増加の道をたどっていることがわかります。

この人口増加については、耕地面積の拡張や生産力の増加、さらに甘藷（さつまいも）栽培の普及も関与したと考えられます。二一代久芳（ひさよし）が宝暦一二年（一七六二）に著した『甘藷伝』によると、元禄一一年（一六九八）一九代久基のときに、琉球より一籠贈られ、西之表郊外に植えたのが始まりであると記されています。それが二、三年のうちに種子島一島に広まり、やがて他国に売り出すこともできるようになっています。甘藷が当時の食生活にとって大きな影響があったことがうかがえます。甘藷は決して「貧しさを象徴する作物」ではなく、「人びとの暮らしにゆとりをもたらした作物」として位置づけられるでしょう。

種子島の人口の推移を記した書物に『南島偉功伝』上下巻があります。この書物は、西之村主

表１　各史料における種子島の人口の推移

年号	史料	人口	男女
寛文7年・1667	『種子島家譜』巻8／『南島偉功伝』	6,400～6,500人	
貞享元年・1684	「懐中嶋記」	8,100人	男4,359人 女3,741人
元禄4年・1696	『種子島家譜』巻9／『南島偉功伝』(元禄9年)	8,609人	
元禄8年・1695	『種子島家譜』巻9	8,160人	
元禄12年・1699	『種子島家譜』巻9	9,608人	
宝永4年・1707	『種子島家譜』巻9	1万249人	
正徳4年・1714	『種子島家譜』巻12	1万805人	
享保7年・1722	『種子島家譜』巻12／「種子島正統系図」1万1,155人	1万1,150人	
享保15年・1730	『種子島家譜』巻13／『南島偉功伝』(享保19年)	1万2,676人	
元文3年・1738	『種子島家譜』巻14／『南島偉功伝』	1万3,729人	男6,750人 女5,921人
安永2年・1773	『要用集抄』	1万6,801人	
天明7年・1787	『種子島家譜』巻19／『南島偉功伝』	1万6,431人	
享和元年・1801	『種子島家譜』巻22	1万4,209人	
文化元年・1804	『南島偉功伝』／「神社仏閣其外旧跡等糺帳」／『種子島家譜』巻23	1万4,209人	
文化8年・1811	『種子島家譜』巻27	1万2,730人	
文化13年・1816	『種子島郷土覚書』	1万4,209人	
化政年間・1804-30	「種子島記」	1万4,139人	
文政9年・1826	『薩藩政要録』	1万4,285人	
嘉永5年・1852	「要用集」	1万3,932人	
慶応4年・1868	『南島偉功伝』	1万8,000人余	
明治12年・1879	『鹿児島県県治一覧概報』	1万9,089人	
明治15年・1882	『南島偉功伝』	2万117人	
明治25年・1892	『明治二十七年鹿児島県統計書』	2万4,238人	
明治27年・1894	『明治二十七年鹿児島県統計書』	2万4,339人	
明治30年・1897	『明治三十年鹿児島県統計書』	2万4,983人	
明治30年・1897	『南島偉功伝』	2万4,226人	
明治31年・1898	『薩隅日地理纂考』	1万9,089人	

『南種子郷土誌』『南島偉功伝』より作成。

辛織部丞時貫一二代孫の西村時彦が明治三二年（一八九九）五月に著し、同年六月に誠之堂書店より当時四〇銭で発行されたものです。現在、国立国会図書館のデジタルコレクション（http://dl.ndl.go.jp/）で検索すると閲覧することができます。この書の「凡例」によると、史料は『種子島家譜』を経とし、「家乗」「旧記」「古文書」および「口碑録」「聞書」「或問昔話」「率育紀事」などを緯とし、そのほか参考引用の諸書は書名を記事中に挿んだと記されています。同書二九頁に、その人口の推移が記されており、「享保天明の交は著しき増殖を示し、文化度には著しく減したり、或人曰く、増加は当時甘藷の蕃殖之を助けしものにて、其減少は疾疫凶饉に罹り、累年温度の増加は此に至りて其災殃を免れざりし者なりと、要するに人口は年を逐ふて増加せり、此は実に島主撫育の政行届きて生々存々の道を得たる者其大原因に非すんばあらず」と、人口は享保・天明期に著しく増加し、文化期に減少していることが知られます。このある人曰く、その増加の要因は甘藷栽培の普及による生活の安定であり、減少の要因は疾疫凶饉にあるとみています。そして、年々の気温の上昇が文化期に至って災殃（自然災害）を免れざりしものにしていると、人口の推移における気候変動の影響を指摘している点が注目されます。また、人口増加の要因を島主の「撫育の政」、すなわち仁政（民衆に恵深い、思いやりのある政治）に求めている点も注目されます。しかし、これらの人口推移がどの史料を根拠にしているのか示されていないのが残念です（文化元年〈一八〇四〉の人口は「神社仏閣其外旧跡等糺帳」をもとにしていることがうかがえます）。

史料のなかには、人口の内訳まで詳しく書かれているものも存在します。

「懐中島記」には、貞享元年（一六八四）の人口が八一〇〇人（男四三五九人・女三七四一人）であることが記されています。その内訳は城下赤尾木士給人一五三一人、同町人一九七人、諸村士給人二〇二一人、島内百姓二八二九人、浦浜用夫（百姓）七五五人、塩屋用夫（百姓）五一七人、出家並寺門前一九七人（出家一一二人）、流人五五人でした。

化政年間（一八〇四〜一八三〇）に作成された「種子島記」によると、赤尾木城下の麓士宅四五三軒（男女二一六一人うち下男下女四二一人）、足軽宅八〇軒（男女六三人）、武士格宅二〇軒（男女八六人）、野町（商人・職人）宅一九軒（男女五三人）、麓を除いた総人数は一万一七七六人（郷士二六四八人、足軽三一九七人、在郷〈農民〉三五一五人、水手一四六九人、塩屋四三〇人、寺門口五九人）であったことが知られます。さらに、文政九年（一八二六）の「薩藩政要録」には、家中士総人数四二八〇人、家中士人躰一〇〇〇人、用夫七〇四人、野町用夫一八人、浦用夫一四七人とあり、嘉永七年（一八五四）の「要用集」には、家中士総人数四二三六人、家中士人躰九九八人、用夫二二五一人、野町用夫一九人、浦用夫六一七人と記されています。

島内一八か村のうち、赤尾木城があった西之表村の人口が最も多く、種子島には郷士（身分は武士と公認されながら、業態は庶民（農山漁村民）である者の総称）、足軽、在郷（農民）、水手（水運業者）、塩屋（製塩業者）、寺門口（僧侶）が暮らしていたことが知られます。

5　種子島の生業

ついで、種子島の人びとがどのような生業を営んでいたのか見ていくことにしましょう。

種子島の人びとの主な生業は、農業、牧、製塩業、漁業、水運業、製鉄業ということができます。

種子島には稲の神として、浦田神社（国上村）と宝満神社（茎永村）があります。安永八年（一七七九）、知覧安左衛門の書いた「浦田大明神縁起書」には、種子島の始まりと、我が国の稲作起源について、つぎのように記されています。

神代の昔、伊邪那岐(いざなぎ)神、伊邪那美(いざなみ)神の両神が大八州(おおやしま)（日本の古称）の創成にあたって、まず第一に作ったのが種子島でした。その後、この地より彦火火出見尊(ひこほほでみのみこと)が亀の背に乗り龍宮に行き、龍宮の娘豊玉姫と深い契りを結んだため、尊は龍宮にそのまま長く滞在して帰ろうとはしなかったのです。それを嘆いた尊の初后が種子島に渡ったので、尊もまた龍宮から帰ってきたのです。そのさい、五穀の種子を携えて帰ってこられ、島民に田を耕して五穀を栽培する方法を教え、殖産の方途を示してくださったのです。これが我が国における農耕の始まりであり、初めて種子をくだされた島ということから種子島と名付けられたと記されています。白米を祀る浦田神社祭神鵜葺草葺不合尊(うがやふきあえずのみこと)は島の北端に位置し、赤米を祀る宝満神社祭神玉依姫(たまよりひめ)は南端に位置しています。神代のはじめ、自然の良港に恵まれた浦田の地に稲作が伝えられ、島の北部に栽培が広がり、やがてそれが大地が広がる南部へと普及すると、島内一の穀倉地帯へと発展しました。すなわち、初伝地の浦田村と生産地の茎永村の関係は、稲は紅白の対をなし、祭神も夫婦神となっているのです。また、野間村には、一六代島主久時の時（天正年間〈一五七三〜一五九一〉）に五穀豊穣の神として奉祀した野間神社があります。

現名村では湊川の水利によって一五〇町歩（約一五〇ヘクタール）の水田が開けていました。また、平山村では、安政四年（一八五七）に大浦川の川直し工事が行われました。平山から熊野に通ずるところに大浦川がありますが、ここは人や馬が通行できるところではなく、しかも満潮時になると潮入となって農作物に甚大な塩害をもたらしていました。そこで、二三代種子島久道の未亡人である松寿院（しょうじゅいん）が工事を命じ、安政四年正月から始められた約二〇〇メートルの川直しは同年一〇月に完成しました。これによって三町歩の荒田が美田となり、茎永村と並んで「種子島の宝庫」と呼ばれるようになりました。この工事に従事した人夫は一万六四八五人、費用二八五両という人手と資金によって完成されたといわれています。

このように種子島の農業は稲作が中心でしたが、『種子島家譜』には、「五穀」（稲、黍、稷〈粟の別称〉、麦、菽〈大豆〉）のほかに、たばこ、蠟、我莍、甘蔗（さとうきび）、甘藷（さつまいも）、養蚕、西瓜、ウコン、麦、里芋、蕎麦、大根とあり、これらが栽培されていたことがうかがえます。さつまいもは、元禄一一年（一六九八）に種子島久基が琉球中山国王尚貞（しょうてい）に懇望して甘藷一籠を得て、家老西村権右衛門時乗に命じて西之表村石寺で試作し、苦心の末に栽培が可能となりました。

また、島内には島民の生活向上を目的とした「牧」が設置されました。とくに、「塩屋牧」と呼ばれる製塩のさいの燃料林として一里四方の牧が海岸地帯に接して二四か所設けられていました。「懐中島記」「種子島方角糺帳」によれば、塩屋（製塩業者）は大崎・石寺・上湊・下湊・沖ケ浜田・浜脇・浅川・上能野・下能野・竹之川・下田・阿岳磯・屋久津・大川・中野・砂坂・牛野・川脇・小塩屋・上梶潟・下梶潟・仮宿・竹崎・中の塩屋・立石に置かれていたことが知られます。「種子島御館年中行事」によれば、潮炊きは六代種子島時充のときに鎌倉より土居大釜炊きという方法が持ち込まれ、大崎塩屋・沖ケ浜田塩屋・砂坂塩屋の三か所で始められたといわれています。塩谷支配高は四二石六斗余でした。その塩屋者は潮炊き以外の役務は免除されており、塩の生産と供給に専念していました。安政三年（一八五六）、松寿院が坂井村の大浦浜の塩田を拡張し、製塩法を改良させたことにより、島内の需要をまかなうだけでなく、屋久島までも供給するほどの塩を生産することができました。

ほかに、島主直営の「御用牧」（手牧）が設置され、駒奉行をおいて、馬の繁殖保護を図っていました。種子島では、馬数頭を水田に引き入れ、馬の足で水田の表土を柔らかくして代掻きをさせており、馬は田植えには欠かせない存在でした。正保三年（一六四六）の改めによれば、牛馬数は一一四〇頭であったことが知られ、以後、その増減によらず、これを定数として口銭（牛馬一匹につき銀二分）が納められていました（「懐中島記」）。「懐中島記」には牛馬一四二八頭・馬八頭と記されており、そのほかに、「御用牧」は野間村の本増手牧二四七頭（『日本歴史地名大系』では一七〇頭）、油久村の大町手牧一五九頭（『日本歴史地名大系』では一一二頭）、島間村の崎原手牧一五五頭（『日本歴史地名大系』では六四頭）、中之村の前ノ田本手牧九三頭が存在したことが知られます（『日本歴史地名大系』では、安城村の芦野牧五二頭が記されています）。

明治一七年（一八八四）ごろに記されたといわれる「種子島旧浦沿革書」（『資料 種子島の漁撈生活』）によると、種子島には「浦」と称するところが一八か所あると記されています。北種子村の池田・洲之崎・湊泊（尼溜）・住吉・浦田・花之本・庄司浦・田之脇・川脇、中種子村の浜津脇・大町田・岩屋口・大場・女州・熊野、南種子村の浜田・竹崎・島間にありました。「懐中島記」によれば、島中の船の数は八〇艘（「八端帆下二枚帆」）であったことが知られます。この各浦について「種子島方角糺帳」によると、湊泊（尼溜）浦は海が浅いため船をつなぐことはなく、もっぱら小船の繋ぎ場所であったこと、洲之崎浦は一町（約一〇九メートル）東南の方に赤尾木浦という船繋場があり、海底は一丈五尺（約四・五メートル）であること、浦田浦は船の停泊場所としてふさわしく、海底二丈三尺（約七メートル）であること、庄司浦の一〇町（約一・一キロメートル）沖に西風のさい船を繋ぐ場所があること、田之浦は海底がよくないため船を繋ぐことができないこと、住吉浦は海底一丈五尺で北東風や東風のさい船を繋ぎ、西南風のさいは船を繋がないこと、熊野浦は海底二丈（約六メートル）で西風のさい船を繋ぐのがよい場所であること、浜田浦は浦口が小さく船の出入りが調わないこと、竹崎浦は西風の時ばかり小船を繋ぐ場所であること、島間浦は満潮のさい五反帆船を繋ぐ場所があり、東南風のさいによいことなどが記されています。なかでも湊泊（尼溜）浦・池田浦・洲ノ崎浦は三か浦といわれ、三隻の台所船（島主の御用船）の揚げ降ろしや管理に当たるほか、汐見役を輪番で勤めていました。そのため三か浦は馬毛島の漁業権を独占的に与えられていました。この馬毛島は、西之表港から西方一二キロメートルに位置し、周囲一四・三キロメートル、面積七・四平方キロメートル、最高地点の標高が七一・一メートルの、南北に長い平坦な島です。島の周囲を黒潮が還流していることから年中温暖で、島の東岸には蘇鉄が群生し、また沿岸海域はトビウオの好漁場といわれています。

漁区内での公用運送は地津廻しといって無給で行われ、漁区外にわたる運送は馬毛島津廻しといって、一人一日分の飯米として赤米七・五合が支給されていました。このほかに浦受銀、江戸水手銀の浦銭が課されていました。「二十人家」といわれる船主船頭組があり、赤尾木津口番、京・大坂その他への運送、屋久島下代役などを勤めていました。

Ⅲ 『種子島家譜』の魅力

本書で用いる『種子島家譜』とは、中世以来種子島を支配し、近世薩摩藩においては私領主としてその支配を継続して明治を迎えた種子島家を中心とする系譜・関係文書のことです。現在、八九巻が現存し、種子島時邦氏より種子島開発総合センターに寄託されています。『種子島家譜』を含む「種子島家文書」は県の有形文化財（書跡）に指定されています。

この『種子島家譜』は、種子島高校の教諭であった鮫島宗美氏が和訳し、熊毛文学会より昭和三七年（一九六二）に六巻本として刊行されました。その後、鹿児島県史料『旧記雑録拾遺家わけ』編において、『家わけ四』（一九九四年）に巻一（元祖信基、寿永二年〈一一八三〉）から巻二六（二二代久柄、文化七年〈一八一〇〉）まで、『家わけ八』（二〇〇〇年）に巻二七（二二代久照（久柄）、文化八年）から巻七三（二五代久尚、安政四年〈一八五七〉）まで、『家わけ九』（二〇〇二年）に巻七四（二五代久尚、安政五年）から巻八九（二六代時丸・二七代守時、明治二三・二四年〈一八九〇・九一〉）が翻刻・刊行されました。

1 『種子島家譜』の成り立ち

現在、わたしたちが一般に『種子島家譜』と称している史料は、江戸時代から明治時代にかけて三次にわたって編纂されたことが知られています。

第一次の種子島家の家譜は、延宝三年（一六七五）に命を受け、同五年に完成した上妻隆直編の「種子島譜」です。「種子島譜」は元祖信基から久時までの記事であり、種子島家役人（家老）肥後英信の文書整理を上妻隆直が継承したものといわれています。上妻隆直は、この家譜以外にも正系図・庶流系図・手鑑・文書写を集成し、また種子島の地理・歴史を概観した「懐中島記」を著している人物でもあります。

第二次の種子島家の家譜は、明和六年（一七六九）三月に起筆し、同年一二月に完成した家老平山顕友編の「種子島正統系図」です。二一代久芳の命により「種子島譜」を改修増補したもので、元祖信基から久芳までを二〇冊にまとめたものです。「種子島譜」とは異なって、所伝の古文書を譜中に挿入する方針を採っており、多数の文書を取り込んだ点に特徴があります。

第三次の種子島家の家譜は、家老兼記録方上妻宗恒編の「種子島家譜」で、元祖信基から二二代久柄までの記事が収められています。久柄の時に「種子島正統系図」が小細で闕脱省略多しとして、寛政一〇年（一七九八）に編纂が命じられました。途中、編纂の中心であった宗恒の失脚や種子島家の財政難、災害・疫病・凶作の連続で編纂事業も停滞しましたが、文化二年（一八〇五）八月に宗恒が復職して事業の促進が図られ、同年一二月に一応の完成をみることになります。文化八年九月二六日条によれば、宗恒ら（家老または組頭の者五名、筆吏三名）に文化七年までの「家譜」編纂の功績に対して賞が与えられ、文化二年以後の続集が終了したことがうかがえます。

これにより、第一次と第二次の家譜は「旧譜」として櫃に納められ、重要参考資料として伝えられることになります。

その後、すなわち「家譜」巻二七（文化八年）から巻八五（明治二年〈一八六九〉）までは一年一冊の形式で、巻八六（明治三年）から巻八九（明治二四年）は数年ごとに合冊されています。その編集・編纂については種子島の記録所が中心であったと考えられています。「家譜」は、基本的には明治二年までは一年一巻、島主各代の記録がなされています。しかし、巻二七以降は、それ以前に対して、より種子島や鹿児島の政府（役所）の記録や行事などが多く採録され、当時の種子島や藩政との関係、民衆の姿も垣間見ることができます。実際、V章で扱う表2でも賞罰に関する記述が増えていることがわかります。巻二七以降は、巻二六以前とはその性格や位置づけが異なっているようです。

2 『種子島家譜』の焼失と復元

文化八年の「家譜」巻二六までの編纂で、第一次家譜（「種子島譜」）、第二次家譜（「種子島正統系図」）を受けた第三次家譜（「種子島家譜」）の編纂は一段落しました。これにより、文化二年段階でともに旧譜として櫃に納められていた「種子島譜」と「種子島正統系図」が種子島の記録所に送られ、鹿児島邸には新たに「家譜」正本（巻二六まで）が置かれることになりました。種子島氏二八代の時望氏によれば、「家譜」は各巻同時に二冊作り、鹿児島邸のものを正本、種子島の西之表邸のものを副本と呼んでいたといわれています。

文化一四年一〇月と天保五年（一八三四）八月の二度、種子島から文書格納箱が鹿児島邸に搬入され、文書整理が行われています。天保六年正月には、前年の文書箱用の鍵が購入されていることから、格納された文書は厳重に管理されていたことがうかがえます。

こうして厳重に管理・保管されてきた『種子島家譜』ですが、昭和二〇年（一九四五）六月一七日の鹿児島空襲による疎開準備中に正本が焼失してしまったのです。そのさい、「家譜」の継続分である巻九〇から巻九三（明治二五年から明治三四年分）も焼失してしまいました。巻八九までの副本は西之表邸にあったため焼失を逃れましたが、巻九〇から巻九三の四冊は正本のみで副本が作られていなかったため、その内容を復元することができなくなってしまいました。

戦後の史料刊行計画によって、鹿児島県歴史研究会の出版事務局が鹿児島大学文理学部（鶴丸城跡本丸内）に置かれ、そこに巻一から巻四〇までの四〇冊を西之表邸より帯出しました。ところが、昭和二七年四月二四日早朝の鹿児島市内の大火災によって焼失してしまいました。そのさいに焼失を免れたのは持ち出し中の九冊（巻七・一四・一五・一七・二〇・二一・三四・三五・三七）のみでした。

この後、東京大学史料編纂所の「家譜」正本の謄写本（巻一から巻二六まで。巻一四までは明治一八年、巻一五から巻二六は昭和三年に写本が作られています）をもとに、西之表市種子島家譜復元委員会によって復元されました。東京大学史料編纂所の謄写本がない巻二七から巻四〇を復元することができたのは、鮫島宗美氏の和訳作業が焼失時に巻四二にまで及んでいたおかげでした。ただし、この鮫島氏による和訳作業は記事のみで、挿入された文書はほとんど採録されていません。こうした文書については、西之表町史編纂の資料として阿世知国良氏が「家譜」の記事・文書写を抄出した「御家譜抄本」などによって、三〇余りが復元されたといわれています。しかし、それ以外の史料は、藩の通達など他の史料で若干は補えるものの、完全な復元は今後も見込めない状況といえます。

しかしながら、重要なことは、江戸時代から編纂された『種子島家譜』が、明治以降の調査（東京大学史料編纂所による謄写本の作成や阿世知氏による「御家譜抄本」の作成）や研究（鮫島氏による和訳作業）に支えられて、災害による消滅の危機から脱した（復元された）という事実です。こうした地域に存在する歴史資料を、次の世代へと引き継いでいく人びとの姿は、地域の歴史資料を過去から未来へとつなぎ、地域の歴史遺産にしていく営みであるということができるでしょう。したがって、「過去」との関わりをイメージすることができる歴史資料は、地域社会の再生に重要な意味をもってくるといえます。

本書では、地域歴史遺産として伝えられてきた『種子島家譜』を活用してみたいと思います。

3 『種子島家譜』の史料的価値

種子島家によって江戸時代から明治時代にかけて編纂された同家の歴代系譜、年譜である『種子島家譜』は、同家の系図、歴代ごとの編年記事に、文書、史料が挿入・記載されている点に特徴があるといえます。すなわち、『種子島家譜』は歴史事象を年代順に列記・編纂された「年代記」的性格をもった史料ということができます。ということは、「年代記」は書き継がれた記録であって、そこから歴史的実態を理解するのは難しいといわなければなりません。では、『種子島家譜』

にまったく史料的価値がないか、というと、そうでもないように思うのです。それは、それを編纂した人びとがなにを伝えようとしたのかという歴史観や歴史意識を発見する可能性を秘めた史料と考えることができるからです。「年代記」の記述と他の史料とを付き合わせることによって、なぜ、どのような意図でその古文書が家譜のなかに挿入されたのか、「年代記」がなにを伝え、なにを伝えなかったのかという興味深い事実が見えてきます。そのことは「年代記」を残してきた人びとの記憶を復元することにもつながるでしょう。

Ⅳ　文理融合による古気候復元と地域性

図1は、西暦一六〇〇年から一九〇〇年、いわゆる江戸時代の、①『東アジアの夏季（六―八月）平均気温 Cook et al.（2013）』から抽出した日本（日本全体、東日本、西日本）の夏季平均気温、②古文書の気象災害記録から復元した日本列島の夏の平均気温、③ヤクスギ年輪の酸素同位体比データから夏の降水量を示したものです。

①は、東アジア（北緯二三度～五四度、東経六〇度～一四八度に囲まれた陸域と定義）の二二九か所の森林から得られた年輪幅のデータを使って、まず、東アジアを二度間隔（二度×二

度）でマス目状に区切って格子（グリッド）化します。すると、東アジアの陸域全体で五八五個の格子になります。そのうち、日本に関わる一七個の格子のデータを抽出して、日本全体（一七格子）、東日本（五格子）、西日本（六格子）の夏季平均気温を算出したものになります。図2は、日本における格子の位置を示したものです。グラフは、上にいくほど暑く、下にいくほど寒いことを表します。

②は、縦棒が各年の気候（指数）、曲線が五〇年移動平均を示しています。グラフは、上にいくほど暑く、下にいくほど寒いことを表します。

③は、ヤクスギ年輪の酸素同位体比データを示しています。これは、樹木年輪に含まれるセルロースの酸素同位体比（酸素18／酸素16の存在比）を用い、夏の降水量を復元したものです。数値が低いほど湿潤で、数値が大きいほど乾燥していることを示します。屋久島は、種子島（北緯三〇度三五分・東経一三〇度五九分）の南西に位置（北緯三〇度二〇分・東経一三〇度三〇分）しており、③は種子島でもほぼ同様の指標を示すものと考えられます。

①と②を比べてみると、年輪幅のデータから得られた日本の夏の平均気温と、気象災害記録から得られた日本の夏の平均気温にある程度の一致がみられることがわかります。また、数十年周期で夏季の気温に大きな変化があったということもわかります。

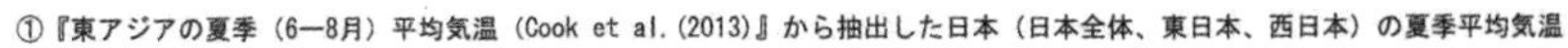

① 『東アジアの夏季（6―8月）平均気温（Cook et al.(2013)』から抽出した日本（日本全体、東日本、西日本）の夏季平均気温

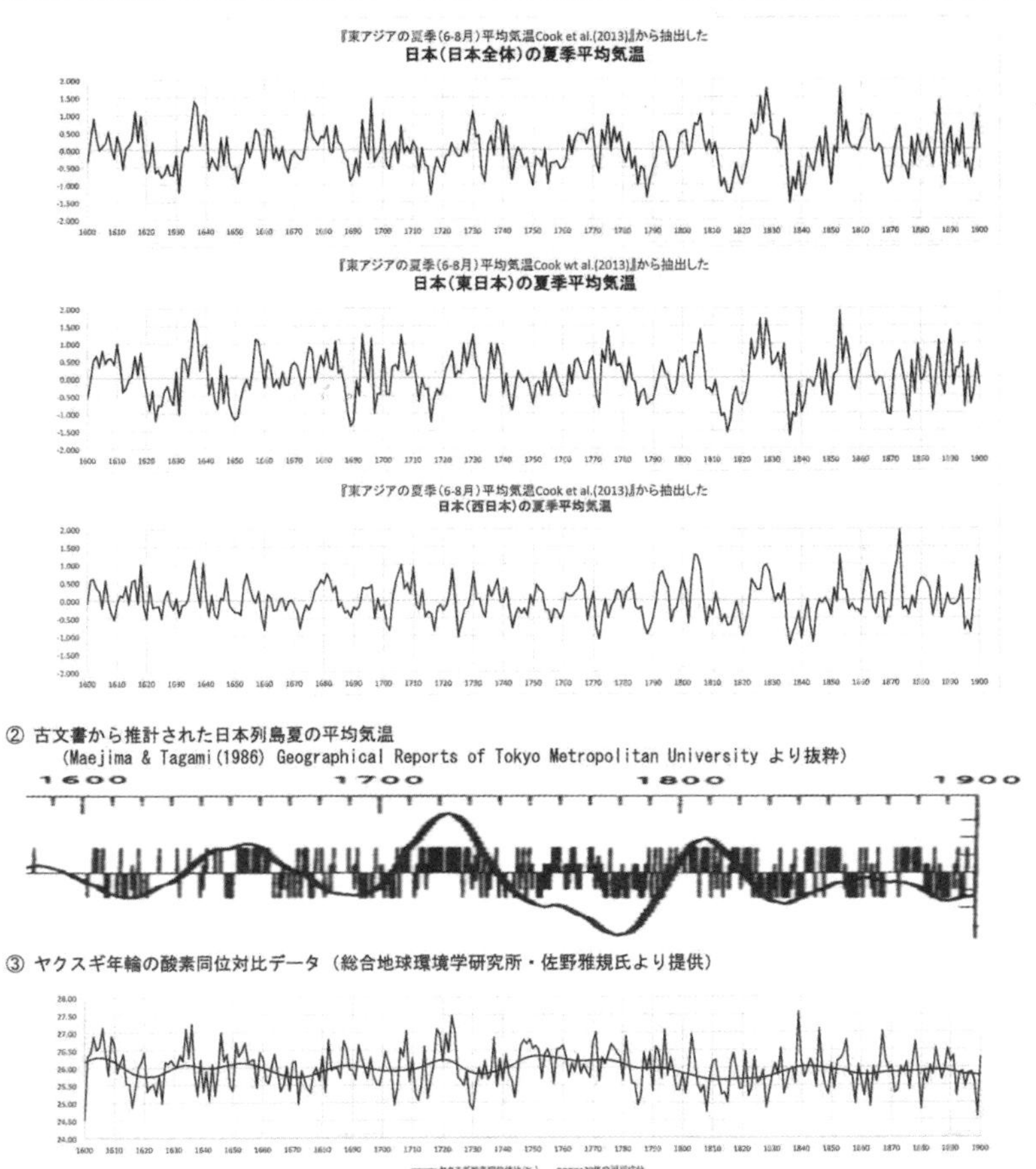

図１　日本列島夏の平均気温・屋久島の夏季降水量の経年変化

具体的な事例を見てみましょう。江戸時代において、気候が社会に大きな影響を与えた最も有名な事例として、一八世紀後半から一九世紀前半にかけて東北地方で頻発した天明・天保の飢饉があげられます。ともに、享保期（一七一〇〜三〇年代）と文化・文政期（一八〇〇〜二〇年代）と、一〇年以上続いた温暖期の直後にきた寒冷期に発生したことがわかります。そして、この温暖期には、東北地方では稲作が大成功していたことがわかっています。どうも「一〇年以上続いた温暖期の直後の寒冷期に大きな飢饉が発生する」というような法則があるような気がします。

人間の営みが自然環境の強い影響を受け、それに対する適応の結果として地域性が生じるという法則性は「環境決定論」といわれ、歴史学的には否定的に受け止められています。もし、こうした法則がすべての歴史の原動力であるとするならば、歴史学研究の必要性はなくなってしまうからです。当然のことながら、気候変動に対する社会の応答には地域差があるはずですし、政治・経済・技術・文化的な社会の諸局面との関係性のなかから生み出されるものでもあります。享保一七年（一七三二）には、西日本においてウンカの虫害による享保の飢饉が発生しており、温暖期だからといって、日本全国どこでも豊作であったというわけではないということからも理解していただけるでしょう。

一般に温暖期であったといわれる享保期（一七一六〜一七三六）、①の西日本では

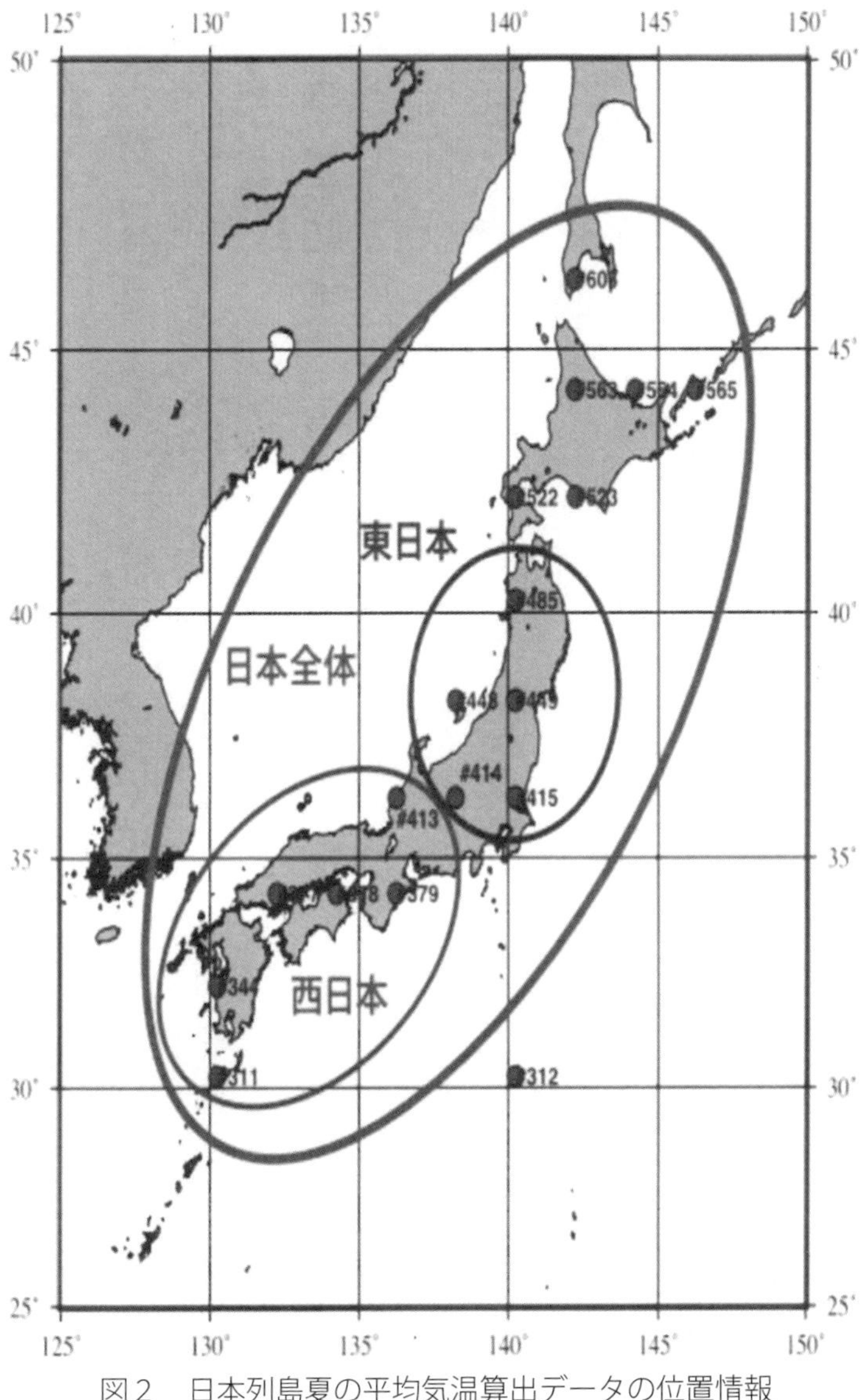

図２　日本列島夏の平均気温算出データの位置情報

一七一〇、二三、三〇年（宝永六年、享保七、一四年）の気温は高くなっていますが、それ以外は気温が低い年が多くなっています。東日本と西日本の夏季平均気温に相関関係が見られますが、一七二五年（享保九年）だけ、西日本の気温が極端に低いことがわかります。そして、③より一七二〇年前後は降水量が少ないことが知られます。つまり、享保期の西日本、とくに屋久島では夏の気温が高く、しかも乾燥していたことがわかります。

また、文化・文政期（一八〇四～一八三〇）、①の西日本では一八〇〇年代は温暖ですが、一八一〇年代は一転して寒冷になっていることがわかります。そして、③より一八〇〇～一八二〇年代にかけて全体的に降水量が多いことがわかります。つまり、文化・文政期の屋久島は、一八〇〇年代は温暖・湿潤、一八一〇年代は寒冷・湿潤の気候であったということができます。

そこでV章から、図1の高分解能古気候データと、古文書（『種子島家譜』）を用いて、気候変動と歴史の因果関係の日本列島における地域差について考えてみたいと思います。

V 『種子島家譜』にみる近世種子島の災害史年表

表2は、『種子島家譜』に記述された災害記事を抜き出し、それを年表にまとめたものです。

寛永一四年（一六三七）から明治二年（一八六九）まで四一七件の記事を抜き出すことができました。「年月日、グレゴリオ暦、災害種別【風水害（雨乞いを含む）、飢饉・疫病（虫除け祈祷を含む）、地震津波、火山】、被災地」と、その記事を引用しています。「災害種別」の太字は祈祷（雨乞いや虫除けなど）を表します。「引用記事」の太字は社会的応答、斜字は褒賞、網掛けは処罰を表します。なお、本書では西暦（グレゴリオ暦）を用いて論じていきます。記述のあとの（　）内の数字は表2の番号と対応しています。

それでは特徴的な気候変動と社会の関係を見ていくことにしましょう。

【度重なる台風と洪水】寛文九年（一六六九）の夏より秋に至るまで二度の大風（台風）が発生し、多くの田地が損壊しました。そこで八月二〇日（九月一五日）に役人の平山八郎左衛門と﨑山喜右衛門が被害状況を検分するために訪れ、一〇月八日（一一月一日）に帰ったことがわかります（2）。図1③からも、この年の夏季の降水量が多いことがわかります。

「懐中島記」によると、茎永村では、数十丈の屏風を立てたるがごとき峰の下に人家があり、天和元年四月（一六八一年五月）から五月（六月）にかけて前代未聞の長雨となったことが記されています。そのとき、「雪子」と号する峰が八〇間（約一四〇メートル）余り崩落し、男女四名が亡くなりました。のちの者はこれを誡とせよ（「後者為誡之」）と記されています。

表２－１ 『種子島家譜』災害年表

番号	史料番号	年月日	グレゴリオ暦	災害種別				被災地	史料引用
				風水害	飢饉・虫害	地震津波	火山		
1		寛永14年8月28日	1637/10/16	雨雹				安城村・現和村	八月廿八日、安城・現和雨雹、圍八九寸、田畠多損、
2		寛文9年	1669/2/1	大風					自夏至秋二大風破田地許多、由是八月廿日、平山八郎左衛門・崎山喜右衛門来檢察之、十月八日帰、
3		天和2年	1682/2/8		蝗			種子嶋	今年蝗、五穀不熟
4		元禄元年8月18日	1688/9/12	大風・潮水				種子嶋	八月十八日、終日大風、潮水大溢、七八十年来未曾有也、海邊人家儘漂流、凡倒家八百四十九、斃牛馬百七十疋、破船大小廿二艘、失五穀七百四十九斛余、壊田畠許多、
5		元禄元年	1688/10/23	大風	旱			種子嶋	今年、旱且大風、五穀不熟、民大飢、 竹生實、
6		元禄2年	1689/1/21		飢饉			種子嶋	一島飢饉、自去年至今年竹實生、取之為食、味如米、其竹盡枯、
7	180	元禄2年	1689/1/21	大風				種子嶋	覺 私儀旅續、其上近年不時之物入之儀打續、漸々借銀相増、當時弐百弐拾九貫目餘二罷成候、家来儀茂逼迫仕候上、去年、當年両度之大風二家居等致破損、猶以身代差迫難儀仕候得共、心付茂不罷成、右躰二候得者、最早高を拂可申外方便茂無御座候、然共代々持来候高を拙者代拂可申候、残念至極存申候、依之御断奉存候旅之御奉公、當年より向キ十三四年程被遊御免可被下儀、幾重二茂御断奉存候、右之趣を以宜様二御取成可被下候、以上、 巳十月廿七日　種子嶋蔵人 右口上書、中神蔵之丞を以差出、肝付主殿被請取置候、
8		元禄3年	1690/2/9		凶歳			種子嶋	一島俸禄之租改収五分一之地之舊制、以米[以歳豊凶究之]収之、且減償債之租[合力米]半、以諸人困窮之故也、
9		元禄4年5月28日	1691/6/24	雷				種子嶋	廿八日晝、嶋間村向田有男女五六人種田、時雷墜、黒煙不辨東西、與七郎者殞命、烟散後知之
10		元禄4年7月17日	1691/8/10	雹				坂井村・現和村・安納村	七月十七日午時、坂井村・現和村・安納村雹降、
11		元禄6年6月24日	1693/7/26	大風				種子嶋	六月廿四日夜、大風、至翌朝辰止、此夜池田浦漁夫六人及還自馬毛島遇大風舟沈淪、有四郎助者、以善水練上于佐多立目、其餘不知死生也、
12	183	元禄7年11月2日	1694/12/18	大風				種子嶋	口上覺 私所帯方差迫、借銀弐百六拾貫目程二罷成候二付而、私并同氏弾正御役被遊、御免、十一二年種子嶋江御暇被下度旨、先年より段々訴訟申上候所二、當年　御下向迄者可成程簡略仕、父子共相勤可罷有候、右式勤居候二付而者、御暇年數被相重、借銀返弁之方便茂可有之候、私身上之義借銀返済少々之便二茂罷成程儀共被　思召上分茂候ハヽ、追而被仰出候、此旨承知仕候様二と、去々年十二月、被　仰出候趣難有仕合奉存候、此上者何分二茂被　仰出候迄者、相勤不申候而不叶儀二候得共、大分之借銀二而、利拂茂不相應二簡略仕候得共、去々年已来之利足之内茂本銀二罷成、其上娘婚礼、同氏休三郎祝言軽くハ仕候得共銀子入申候、且又去年種子嶋両度之大風并于損二付而、物成過分二引入、猶以借銀相増、三百九貫目餘二罷成候故、種子嶋江申遣、差立候家来共召寄、段々身上續方之儀僉儀為仕見申候得共、今分二而勤居候程、子孫迄茂高役之御奉公難調躰二可罷成儀歴然候、付而乍恐重而奉訴候、 一先年より申上候旨、父子共御役被遊　御免、種子嶋江御暇之儀奉願置候得共、御無人之節、父子共御暇之儀重而申上候茂恐多奉存候、其上弾正事、専御奉公可相勤年比二而引入候儀、於私茂残念二候、且又弾正奥方者御姫之儀二候得者、遠方江引越候様二茂難仕儀共御座候、旁以弾正夫婦者當地江罷居候様二可仕候、私事者所帯方右式之差迫二而、借銀返済之方便絶而無御座、殊二脱躰無功之上不氣根二候而、御役難勤躰二候処、猶以氣根衰、勤方行届不申儀共候条、何とそ此節御役被遊御免、種子嶋江御暇被下候様奉願候、於其儀者私領之居住二候間、成程不如意二而相續、随分簡略を以連々借銀到返済候様二仕、至子孫高役之御奉公為相勤申度候、 一弾正事茂與頭役相勤候而者、人数を茂大分減候儀不罷成、借銀返済之餘計無之筈候条、重畳之御訴二候得共、一節與頭役御番頭迄茂被遊　御免、間々不時二勤申候御奉公迄を先被　仰付置被下度候、於其儀者所帯を茂引易細め立申、五六年茂罷有、住々之續方茂見得申候ハヽ、其節者相應二も被召仕被下度奉願候、右之趣可然様二被達　貴聞可被下儀所希候、以上、 戌十一月二日　種子嶋蔵人
13		元禄7年11月26日～29日	1695/1/11～14	大雨雪				麑府	麑府、廿六日暁天至廿九日夜大雨雪、屋上深二尺六寸、地上一尺七八寸、山野三尺、
14		元禄9年9月8・9日	1696/10/3・4	大風				種子嶋	九月八日夜半至九日朝大風、一島倒屋不可舉計、田園損失穀千百二十俵余、
15		元禄10年7月1日	1697/8/17	雩				種子嶋	七月一日、命三ヶ寺僧雩本源寺、
16		元禄14年8月11日	1701/9/13	大風	飢饉			種子嶋	八月十一日、大風、島中飢饉、
17		元禄15年8月30日	1702/9/21	大風				種子嶋	晦日、大風、
18		元禄15年10月17日	1702/12/5	大風				種子嶋	十月十七日、夜半至黎明大風浪、前浦破船十余艘、
19		元禄16年8月18日	1703/9/28	大風				種子嶋	十八日、夜四ッ時大風、至黎明止、
20		宝永4年6月	1707/7/20		大旱・蝗			種子嶋	六月、大旱・蝗災苗枯
21		宝永4年8月19日	1707/10/5	大風				種子嶋	十九日、大風、
22		宝永4年9月13日	1707/10/28	大風				種子嶋	十三日、大風、田地多損壊、
23		宝永4年10月4日	1707/11/17	潮水		地震		現和村	十月四日、地震、潮水大溢、現和村庄司浦人家十軒流失、
24		宝永6年5月9日	1709/6/6	大風				種子嶋	五月九日、大風、牛馬斃者千百零二、破家百零三、事達麑府、
25		正徳元年7月22日	1711/9/4	大風					廿二日、大風、死男一人、倒家七百七十一軒、斃馬四十五疋也、事聞官府、
26		正徳元年8月23日	1711/10/5	大風				種子嶋	廿三日、大風、
27		正徳4年5～7月	1714/6～8/	不雨				種子嶋	夏五月至秋七月、不雨、五穀不熟
28		享保13年8月4日	1728/9/7	大風				種子嶋	四日、大風、
29		享保14年8月2・3日	1729/8/25・26	大風				種子嶋	二日・三日、大風、
30		享保14年8月20日	1729/9/12	大風				種子嶋	廿日、大風、

表２－２ 『種子島家譜』災害年表

番号	史料番号	年月日	グレゴリオ暦	災害種別				被災地	史料引用
				風水害	飢饉・虫害	地震津波	火山		
31		享保14年9月13日	1729/10/5	大風				種子嶋	九月十三日、大風、
32		享保17年6月	1732/7/22		蝗			種子嶋	六月上旬至于下旬、蝗、稲枯、租税減三分二、
33		元文3年秋	1738/2/19		蝗			種子嶋	秋、蝗害禾、令僧徒祈禱、
34		元文3年8月5･6日	1738/9/18･19	洪水				種子嶋	五日夜至六日、洪水、峯崩谷穿、田地荒壊、死牛馬多、
35		寛保元年7月21日	1741/8/31	大風洪水				種子嶋	二十一日夜至翌朝、大風洪水、損田二千二百六十五斛有余、破家二千九百九十六、斃馬百十三疋･牛二十一頭、
36		延享元年	1744/4/3		饑			種子嶋	歳饑、發庫救之[千三百廿五人]、
37		延享元年8月10･11日	1744/9/16･17	暴風洪水				種子嶋	十日至十一日朝、暴風洪水、
38		延享2年8月13日	1745/9/8	暴風				種子嶋	十三日、暴風、
39		延享3年2月25日	1746/4/15	洪水				中之村	二十五日、洪水、中之村田地溝洫多損、
40		延享3年6月5日	1746/7/22	雩				鴨女川	六月五日、令浮屠三十人雩于鴨女川、此日雨、賞之與米一包、
41		延享3年8月23日	1746/10/7	大風･大潮				種子嶋	廿三日戌時至寅時、大風大潮、崩田二千百六十石余阡陌七百五十五間、流家八宇、倒家五十八宇、損家百零五宇、破厩三百二十、或斃或流牛馬廿五疋、破船大小三十三艘、
42		延享4年6月29日	1747/8/5	雩				鴨女川	廿九日、僧會雩于鴨女川
43		延享4年7月10日	1747/8/15	雩				中嶋	十日、三箇寺僧會中嶋雩、
44		寛延元年3月1日	1748/3/29			大地震		種子嶋	三月一日卯時、大地震、
45		寛延元年9月2日	1748/9/24	大風大潮				種子嶋	九月二日、大風大潮、
46		寛延元年10月13日	1748/11/3	飆風				麑府	十月十三日、麑府飆風自西田起、府下人屋及吾邸長屋･時庸宅破損、
47		寛延2年5月26日	1749/7/10		蝗			種子嶋	二十六日、以蝗多令浮屠禳之、
48		寛延2年6月20日	1749/8/2	雩				鴨女川	廿日、雩於鴨女川、
49		寛延2年6月26･27日	1749/8/8･9	暴風				種子嶋	二十六日至二十七日、暴風、
50		寛延2年7月2日	1749/8/14	洪水				莖永村･平山村	七月二日、洪水、莖永村･平山村田地多破壊、
51		寛延3年7月9日	1750/8/10		蝗			種子嶋	九日、以蝗多令浮屠禳、
52		宝暦元年2月12日	1751/3/9	洪水				種子嶋	十二日、洪水、田地溝洫多損、
53		宝暦元年6月7日	1751/6/29	雩				甲女川	六月七日、三箇寺雩甲女川、
54		宝暦元年8月17日	1751/10/6	大風	旱･痘疹			種子嶋	十七日、以今年旱魃･大風･痘疹流行等故、請緩檢地之期、九月命以来歳申秋宜檢地、肥後平左衛門傳之、
55		宝暦2年4月15日	1752/5/28	洪水				下之郡	十五日、洪水、下之郡田地多損、
56		宝暦2年	1752/2/15		飢			種子嶋	歳飢、
57		宝暦2年8月10日	1752/9/17	大風				麑府	十日、大風、麑府邸望火樓倒、
58		宝暦3年6月17日	1753/7/17	大風				種子嶋	十七日、大風、嶋中倒家七軒、破家五十五軒、告官、
59		宝暦5年7月13日	1755/8/20	大風				種子嶋	十三日大風、至十五日止、多損壊田畠、破船一艘、倒家廿六、損家百廿七、事達　官、
60		宝暦5年8月24日	1755/9/29	大風				種子嶋	廿四日、大風、倒家廿六、
61		宝暦6年7月18日	1756/8/13	雩				鴨女川	十八日、三个寺雩于鴨女川、
62		宝暦7年6月6日	1757/7/21	雩				鴨女川	六月六日、雩于鴨女川、
63		宝暦8年7月	1758/8/4		蝗			種子嶋	七月、蝗、使僧徒禱焉、
64		宝暦8年7月19日	1758/8/22	大風				種子嶋	十九日、大風、田地家屋多破損、
65		宝暦10年3月11･12日	1760/4/26･27	雩				種子嶋	十一日至十二日、雩、
66		宝暦10年4月8日	1760/5/22	雩				鴨女川	四月八日、雩于鴨女川、
67		宝暦10年4月9日	1760/5/23	雩				種子嶋	九日、雩于本源寺、
68		宝暦12年5月10日	1762/7/1	雩				鴨女川	同日、令三箇寺僧雩于鴨女川、
69		宝暦12年8月8･9日	1762/9/25･26	大風				種子嶋	八日到九日、大風、
70		宝暦13年4月13日	1763/5/25		飢饉			種子嶋	十三日、以今年飢饉故、遣船麑府糴、時破船嶋泊洋、船長西町之治兵衛及水稍七右衛門･万七流亡、治五兵衛上岸死、其余無恙、
71		明和元年3･4月	1764/4～5/	大雨洪水				種子嶋	三月到四月、大雨洪水、田地多損、
72		明和6年	1769/1/27	風雨	旱･蝗			種子嶋	自往年以有負債[五百貫目]、有司胥議、嶋中出定賦外之税、竭力而償之、或風雨旱蝗之災不能屈指而償之、積年則漸至償之乎、明察經費防禦奢侈之外無他也、方此時發起杉形模合掛銭[結三十人黨、有其中親者五人･子者廿五人、共計三十人、約出金銀百目或二百目･三百目、初附発起事親一人、次拈鬮附子一人、次又括鬮附親一人、已下同、春秋二開座、約至十有五年事終謂之杉形模合掛銭一口]假他力則箅年宜償之、何足患焉[此時使諸役人、諸士議之、或可或不可也、異之者多]、既十一月十二日結一黨、始而行之、漸以為結幾口之黨故、家老平山藤左衛門顕友[官俸高四十石]･筆吏芝栄右衛門[官俸高十石]在麑府邸指揮之、
73		明和8年5月17～19日	1771/6/29	雩				鴨女川	五月廿七日至十九日、雩於鴨女川、
74		安永3年[ ]14日	1774//14	大風洪水				種子嶋	十四日、大風洪水、田地多損、顚倒百五十二家、事聞　官、
75		安永4年7月2･3日	1775/7/28･29	大風雨				種子嶋	二日至三日、大風雨、
76		安永7年2月25～27日	1778/3/23～25	雩				中嶋	二月二十五日至二十六日、雩于中嶋、
77		安永7年3～5月	1778/3～6/	雩				鴨女川	自三月至五月不雨、雩鴨女川、
78		安永7年7月9･10日	1778/8/1･2	大風				種子嶋	七月九日至十日、大風、倒家七十二、事告　官、
79		安永8年9月29日～10月1日	1779/11/7･8			地震	海中大燃	桜島	九月二十九日至十月一日、櫻嶋及海中大燃[二十九日方吾地之乾黒雲沖、天地震鳴如雷、至十月一日朝雨灰如雪、積可二三寸]、即方東北嶼湧出七、
80		天明元年3月23～30日	1781/4/16～23	雩				中嶋	廿三日至晦日、雩于中嶋、
81		天明元年5月9～11日	1781/5/31～6/2	雩				中嶋	五月九日至十一日、雩中嶋、
82		天明元年7月27日	1781/9/15	大風洪水				種子嶋	七月廿七日、大風洪水、高千八百九十四石五斗餘、當損十七石余、永損頽家五百四十四[倒家八十六、損家四百五十八]、死馬十五疋、死牛十五頭、流失船三[二枚帆]、事聞　官、
83		天明2年7月15･16日	1782/8/23･24	大風雨				種子嶋	七月十五日夜至十六日、大風雨、田一町八畦二十三歩永損、二十六町五反五畦當損、傾壊家七十五、厩五百三十七、死牛二頭、死馬二十五疋、事告　官、
84		天明5年5月10日	1785/6/16	洪水				種子嶋	十日、洪水嶋中、損田十六町二反六畦二十九歩、二十日、以種子嶋傳助為用人、
85		天明5年6月15～23日	1785/7/20～28	雩				種子嶋	十五日至二十三日、雩中嶋、不雨、二十四日、雩于鴨女川、至二十五日雨、
86		天明6年8月28日	1786/9/20	大風				種子嶋	二十八日、夜大風、抜木傷稲、

表２－３ 『種子島家譜』災害年表

番号	史料番号	年月日	グレゴリオ暦	災害種別				被災地	史料引用
				風水害	飢饉・虫害	地震津波	火山		
31		享保14年9月13日	1729/10/5	大風				種子嶋	九月十三日、大風、
32		享保17年6月	1732/7/22		蝗			種子嶋	六月上旬至于下旬、蝗、稲枯、租税減三分二、
33		元文3年秋	1738/2/19		蝗			種子嶋	秋、蝗害禾、令僧徒祈禱、
34		元文3年8月5・6日	1738/9/18・19	洪水				種子嶋	五日夜至六日、洪水、峯崩谷穿、田地荒壊、死牛馬多、
35		寛保元年7月21日	1741/8/31	大風洪水				種子嶋	二十一日夜至翌朝、大風洪水、損田二千二百六十五斛有余、破家二千九百九十六、斃馬百十三疋・牛二十一頭、
36		延享元年	1744/4/3		饑			種子嶋	歳饑、發庫救之[千三百廿五人]、
37		延享元年8月10・11日	1744/9/16・17	暴風洪水				種子嶋	十日至十一日朝、暴風洪水、
38		延享2年8月13日	1745/9/8	暴風				種子嶋	十三日、暴風、
39		延享3年2月25日	1746/4/15	洪水				中之村	二十五日、洪水、中之村田地溝洫多損、
40		延享3年6月5日	1746/7/22	雩				鴨女川	六月五日、令浮屠三十人雩于鴨女川、此日雨、賞之與米一包、
41		延享3年8月23日	1746/10/7	大風・大潮				種子嶋	廿三日戌時至寅時、大風大潮、崩田二千百六十石余阡陌七百五十五間、流家八宇、倒家五十八宇、損家百零五宇、破厩三百二十、或斃或流牛馬廿五疋、破船大小三十三艘、
42		延享4年6月29日	1747/8/5	雩				鴨女川	廿九日、僧會雩于鴨女川
43		延享4年7月10日	1747/8/15	雩				中嶋	十日、三箇寺僧會中嶋雩、
44		寛延元年3月1日	1748/3/29			大地震		種子嶋	三月一日卯時、大地震、
45		寛延元年9月2日	1748/9/24	大風大潮				種子嶋	九月二日、大風大潮、
46		寛延元年10月13日	1748/11/3	飆風				麑府	十月十三日、麑府飆風自西田起、府下人屋及吾邸長屋・時庸宅破損、
47		寛延2年5月26日	1749/7/10		蝗			種子嶋	二十六日、以蝗多令浮屠禳之、
48		寛延2年6月20日	1749/8/2	雩				鴨女川	廿日、雩於鴨女川、
49		寛延2年6月26・27日	1749/8/8・9	暴風				種子嶋	二十六日至二十七日、暴風、
50		寛延2年7月2日	1749/8/14	洪水				莖永村・平山村	七月二日、洪水、莖永村・平山村田地多破壊、
51		寛延3年7月9日	1750/8/10		蝗			種子嶋	九日、以蝗多令浮屠禳、
52		宝暦元年2月12日	1751/3/9	洪水				種子嶋	十二日、洪水、田地溝洫多損、
53		宝暦元年6月7日	1751/6/29	雩				甲女川	六月七日、三箇寺雩甲女川、
54		宝暦元年8月17日	1751/10/6	大風	旱・痘疹			種子嶋	十七日、以今年旱魃・大風・痘疹流行等故、請緩檢地之期、九月命以来歳申秋宜檢地、肥後平左衛門傳之、
55		宝暦2年4月15日	1752/5/28	洪水				下之郡	十五日、洪水、下之郡田地多損、
56		宝暦2年	1752/2/15		飢			種子嶋	歳飢、
57		宝暦2年8月10日	1752/9/17	大風				麑府	十日、大風、麑府邸望火樓倒、
58		宝暦3年6月17日	1753/7/17	大風				種子嶋	十七日、大風、嶋中倒家七軒、破家五十五軒、告官、
59		宝暦5年7月13日	1755/8/20	大風				種子嶋	十三日大風、至十五日止、多損壊田畠、破船一艘、倒家廿六、損家百廿七、事達 官、
60		宝暦5年8月24日	1755/9/29	大風				種子嶋	廿四日、大風、倒家廿六、
61		宝暦6年7月18日	1756/8/13	雩				鴨女川	十八日、三个寺雩于鴨女川、
62		宝暦7年6月6日	1757/7/21	雩				鴨女川	六月六日、雩于鴨女川、
63		宝暦8年7月	1758/8/4		蝗			種子嶋	七月、蝗、使僧徒禱焉、
64		宝暦8年7月19日	1758/8/22	大風				種子嶋	十九日、大風、田地家屋多破損、
65		宝暦10年3月11・12日	1760/4/26・27	雩				種子嶋	十一日至十二日、雩、
66		宝暦10年4月8日	1760/5/22	雩				鴨女川	四月八日、雩于鴨女川、
67		宝暦10年4月9日	1760/5/23	雩				種子嶋	九日、雩于本源寺、
68		宝暦12年5月10日	1762/7/1	雩				鴨女川	同日、令三箇寺僧雩于鴨女川、
69		宝暦12年8月8・9日	1762/9/25・26	大風				種子嶋	八日到九日、大風、
70		宝暦13年4月13日	1763/5/25		飢饉			種子嶋	十三日、以今年飢饉故、遣船麑府糴、時破船嶋泊洋、船長西町之治兵衛及水稍七右衛門・万七流亡、治五兵衛上岸死、其余無恙、
71		明和元年3・4月	1764/4～5/	大雨洪水				種子嶋	三月到四月、大雨洪水、田地多損、
72		明和6年	1769/1/27	風雨	旱・蝗			種子嶋	自往年以有負債[五百貫目]、有司胥議、嶋中出定賦外之税、竭力而償之、或風雨旱蝗之災不能屈指而償之、積年則漸至償之乎、明察經費防禦奢侈之外無他也、方此時發起杉形模合掛銭[結三十人黨、有其中親者五人・子者廿五人、共計三十人、約出金銀百目或二百目・三百目、初附発起事親一人、次拈鬮附子一人、次又括鬮附親一人、已下同、春秋二開座、約至十有五年事終謂之杉形模合掛銭一口]假他力則筭年宜償之、何足患焉[此時使諸役人、諸士議之、或可或不可也、異之者多]、既十一月十二日結一黨、始而行之、漸以為結幾口之黨故、家老平山藤左衛門顯友[官俸高四十石]・筆吏芝栄右衛門[官俸高十石]在麑府邸指揮之、
73		明和8年5月17～19日	1771/6/29	雩				鴨女川	五月廿七日至十九日、雩於鴨女川、
74		安永3年[ ]14日	1774//14	大風洪水				種子嶋	十四日、大風洪水、田地多損、顚倒百五十二家、事聞 官、
75		安永4年7月2・3日	1775/7/28・29	大風雨				種子嶋	二日至三日、大風雨、
76		安永7年2月25～27日	1778/3/23～25	雩				中嶋	二月二十五日至二十六日、雩于中嶋、
77		安永7年3～5月	1778/3～6/	雩				鴨女川	自三月至五月不雨、雩鴨女川、
78		安永7年7月9・10日	1778/8/1・2	大風				種子嶋	七月九日至十日、大風、倒家七十二、事告 官、
79		安永8年9月29日～10月1日	1779/11/7・8			地震	海中大燃	桜島	九月二十九日至十月一日、櫻嶋及海中大燃[二十九日方吾地之乾黒雲沖、天地震鳴如雷、至十月一日朝雨灰如雪、積可二三寸]、即方東北嶼湧出七、
80		天明元年3月23～30日	1781/4/16～23	雩				中嶋	廿三日至晦日、雩于中嶋、
81		天明元年5月9～11日	1781/5/31～6/2	雩				中嶋	五月九日至十一日、雩中嶋、
82		天明元年7月27日	1781/9/15	大風洪水				種子嶋	七月廿七日、大風洪水、高千八百九十四石五斗餘、當損十七石余、永損頽家五百四十四[倒家八十六、損家四百五十八]、死馬十五疋、死牛十五頭、流失船三[二枚帆]、事聞 官、
83		天明2年7月15・16日	1782/8/23・24	大風雨				種子嶋	七月十五日夜至十六日、大風雨、田一町八畦二十三歩永損、二十六町五反五畦當損、傾壊家七十五、厩五百三十七、死牛二頭、死馬二十五疋、事告 官、
84		天明5年5月10日	1785/6/16	洪水				種子嶋	十日、洪水嶋中、損田十六町二反六畦二十九歩、二十日、以種子嶋傳助為用人、
85		天明5年6月15～23日	1785/7/20～28	雩				種子嶋	十五日至二十三日、雩中嶋、不雨、二十四日、雩于鴨女川、至二十五日雨、
86		天明6年8月28日	1786/9/20	大風				種子嶋	二十八日、夜大風、抜木傷稲、

表２－４『種子島家譜』災害年表

番号	史料番号	年月日	グレゴリオ暦	災害種別				被災地	史料引用
				風水害	飢饉・虫害	地震津波	火山		
99	797	享和元年	1801/3/19	大風				種子嶋	親類種子嶋佐渡所帯、存外物入之儀打續、借銀致増長可被續様無之、持高之内弐千石相片付候得共、太分之借銀二候得者引足不申、家格之勤方をも難相勤躰可罷成外無之及難儀二付、去ル酉之年より去亥之年迄三ヶ年、利銀被延置、借状二相直、本銀三部本崩二被成給度、無據御相談申進候趣有之、御聞済被下、再重之儀無此上忝仕合、右二付而者、當秋より本崩御返済不致候而不叶儀、當然之事候故、極々せり詰倹約を用、此上者御無礼筋不相成様、折角致差繰候折柄、及御聞も可有之哉、種子島之儀、當夏虫入此上、三度之大風二而、往古より無之災殃、田畑共二無納同前二相成、既種子籾も無之、来春植付之手段毛頭無之候故、御物江御訴申上、種子籾千表程差下、且又他國米千石程買入御免被仰付、爰元よりも追々飢米不相渡候而不叶事二而、右二付而者、定式出米ハ又々持高二而茂相片付、上納可致外無之候得共、重出米并出銀上納方何様致工面候而も相調不申、年延被仰付被下度、若難被仰付儀茂御座候ハヽ、右二應し候拝借二而茂被仰付不被下候而者、差禿申外無之旨、先達而奉願置候得共、未何分不被仰渡候、種子島之儀壱万五千人餘人躰有之候處、當秋出来米三百石二者及間敷内見二候得者、爰元續料且飢米等、何を以可取凌哉と、十方暮罷居、第一御取替申候御方々江御迷惑、申訳も無御座、御互二差禿之基候間、心外之御断申入候儀、何共氣之毒千万、心痛之至存申候得共、脱躰困窮之上、右様難尽筆紙不意之災殃二而、両三年之間二、何連嶋立候程合二而無御座、地方とハ相替、遠海端嶋之儀、隣嶋迚も無之、當分より飢米等申出仕合二候故、誠難黙止御頼申進候者、當暮差上筈之三部本崩銀・重出米、年限中部休二而被召置被下度、偏御頼申入候、左候而年限相過候翌年より、先達而御断申進置候通、三部本崩二而可致御返候間、近比不本意之次第御座候得共、右仕合故、此上者何様致候而茂、一圓出方相見得不申、毛頭禿入候外無御座候故、此旨無知利御断申進候間、右成行彼是御汲受を以、何卒御聞済被下度『給度』、偏二御頼申進候、以上、 『右、朱直り町家、墨付者武士方』 北條織部 十一月十七日 倉山作太夫
100		享和3年5月1日	1803/6/19	洪水				麑府	五月一日、麑府洪水、大損田園、
101		享和3年	1803/1/23		不登			種子嶋	年不登、免四分一税、
102		文化元年3月20・21日	1804/4/29・30	大雨				油久村	廿日・廿一日、大雨、損油久村田地五十余町、
103		文化元年5月19日	1804/6/26	大雨				中之村・嶋間村・安城村・安納村・古田村	十九日、中之村・嶋間村・安城村・安納村・古田村大雨、損田畝、
104		文化元年6月15・16日	1804/7/21・22	雩				本源寺	十五日・六日、雩于本源寺、
105		文化元年	1804/3/22		飢			種子島	年飢、使横目・郡奉行監察、
106		文化元年	1804/3/22		蝗			種子島	一嶋蝗、
107		文化元年7月25日	1804/8/30	大風				種子島	二十五日、大風、
108		文化元年	1804/3/22	連風・雨	旱・蝗			種子島	向寛政六年甲寅正月、以負債多不能償之、議親戚及用頼二士・臣等[事詳有寛政六年甲寅正月譜中]、謀假割在府城之禄地、與府下之士銀主、市人銀主則強減利息、俟時償之、已雖與禄地弭息子、年米穀價貴、籌與銀主禄地税貢、價反倍於往日息子、且吾種子嶋連風雨旱蝗穀不登、經年不能償之、徒悔其失計而已、
109		文化元年8月13日	1804/9/16		旱・蝗			種子嶋	十三日、家老岩川十右衛門政要・物奉行種子嶋平左衛門政苗・用人種子嶋大兵衛政 （ママ）、発赤尾木港赴麑府邸、今茲吾地水旱蝗風、田園荒蕪、歳大饑、於是召家老・物奉行・用人于麑府、而親戚及用頼等、胥議緩常貢救庶民之事、
110		文化元年8月20日	1804/9/23		饑饉			種子嶋	廿日、以今茲天降凶、風抜木、蝗槁粟、歳大饑饉故、稲盡枯地赦其役米、僅存地其半、
111	814	文化元年8月25日	1804/9/28	大風				種子嶋	（八一四の一） 口上覚 米千俵 右者、種子嶋之儀、當秋田方虫入二而、別而痛居候折柄、両度之大風二而及難渋、私領十八ヶ村之内七ヶ村無納地二罷成、其餘村迚も、大形之凶作故、誠二纔計之出来米二而、壱万四千人程之人躰罷居端嶋之儀二御座候得者、取續之方便無御座、及飢二候次第可相成段、追々申越候間、救米不相渡候而難叶、於當地茂調達仕候得共、當分夏中米穀別而無當事、蔵方二茂困窮之事二御座候得者、彼是相調不申候間、右之石高、他國米買入御免被仰付被下度奉願候、左候而手船取仕立、大坂・瀬戸内之間差登、直二種子嶋へ買下、救米等相渡、且又人々直買入等繰合可申候間、願通御免被仰付被下候様、被仰上可被下儀奉頼候、以上、 種子嶋屋敷詰役人 時任丈左衛門 子八月廿五日 （八一四の二） 右之通申出趣、種子嶋佐渡被承届、私より可申上旨被申聞、此段申上候、以上、 用頼代 八月廿五日 橋口彦助
112		文化元年8月29日	1804/10/2	大風				種子嶋	廿九日、大風、
		文化元年	1804/3/22		大飢饉			種子嶋	以大飢饉、請緩重出来・牛馬口銭、事記左、

表２－５ 『種子島家譜』災害年表

番号	史料番号	年月日	グレゴリオ暦	災害種別				被災地	史料引用
				風水害	飢饉・虫害	地震津波	火山		
113	816	文化元年	1804/3/22		大飢饉			種子嶋	私領種子嶋之儀、當夏以来田方過分之虫入有之、極難渋相見得候旨、先達而追々申越趣有之候二付、此比二至り少成共立直候儀可有之哉与念遣敷存居候處、増日損地相見得、無納二可相成旨、村々より追々申出候由、役々二茂差廻り致見分候處、十八ケ村之内七ケ村無納二相成、當冬種子米不差下候而者、来年より荒地二罷成外無之、其余村二茂種子米兎哉角可有御座候得共、上納米者勿論、飯料方一圓無之、追々飢米差續申外無之筈与、十方二暮罷居申仕合二御座候處、去月十五日・同廿五日、両度之大風二而、遠海端嶋之事候得者、風強塩掛二而、猶又過分無納二相成、七拾年来無之大凶作、杤之実其外、諸雑穀二至り、別而痛強、難尽筆紙段、此節飛船を以役々罷渡申出趣承、驚入申仕合御座候二付、於爰元段々尽吟味候得共、出米上納且追々飢米・種子米等差續申筈候得共、見當迚も無之、私領之儀壱万四千人程罷居、及大数候人躰御座候二付、此上者爰元より掛ル御役々被差越、御見分之上、當損・永損上見等差し究、重出米御免之筋、御當地御同様之士向奉願上度候得共、右躰毛頭無納二相成候地面、其儘二而召置候而者、此上猶又差禿候外無之、何れ即より何そ仕付方等をもいたし候ハヽ、暫之凌二茂可相成与成長打起為致、蕎麦・唐芋之類少々植付、且又纔計相残候場所、去年来之凶作二而、飯料迚も無之、難相凌御座候二付、致青刈候仕合御座候、遠海相隔、隣島迚も無之、地方二者相替凌方之方便一圓無御座、誠二無是非事二御座候得者、當年より御役々被差越候方二も難申上、彼是必至与行迫罷居申仕合二御座候、依之近比恐入奉存候得共、當秋持高相掛候定式出来之儀者、持高之内二而相片付上納可士候間、重出米并人別・牛馬出銀、當壱ケ年召延置被下度奉願候、左候而返上納方之儀者、重出米年限相過候翌年、上納二可仕候間、無余例災殃之御取分を以、被召延置被下度奉願候、格別成上納之儀候得者、可成長御訴詔ケ間敷不申上儀、本意与奉存候得共、身分不相應之他借二而、諸人江茂及失禮罷居仕合二御座候得者、取替等茂相調不申、且吴國方用心米・お隣殿方差分米・家来扶持、其外難黙止入價、及大分申儀候処、前条無類之災殃二付而者必至と當惑仕罷居申候間、何とそ右旁々御取分を以、願之通御免被仰付被下度、此旨御申可被下候、以上、 種子島佐渡
		文化元年	1804/3/22		凶歳			種子嶋	今茲凶歳請穀種於　官、十五日得許、事記左、
114	817	文化元年			凶歳			種子嶋	口上覚 種子籾千俵[但真・赤半分　一表三斗五升入] 右者、種子島當夏田地虫入凶作之上、當七月両度之大風二而無納同然二罷成、當惑仕居候折柄、去月晦日、又々近年無之大風二而、畑作雑穀及種子絶、誠二絶言語候災殃之段、一昨日飛船を以申越、此上者何共手段無御座、十方二暮罷居候、右二付而者、何れ種子籾之儀者不相渡候而ハ、端嶋之儀調達之主便無之、先達而御訴申上、他國米買入御免被仰付候二付、當秋暫之凌二茂相成可申事候得共、其後又々右様之成行、一統及飢、差禿候外無御座、行迫候仕合御座候、餘物二相替籾之儀、殊二及大数候得者、自力二難調御座候間、何卒本行之員数御見合二而、東目表御蔵江、御物御計を以納り方被仰渡置被下候ハヽ、申受方之儀者、種子島より手船差遣、積下り申度奉願候、右二付而者、返上納方之儀、右様災殃二而現米難調御座候間、手形米為致才覚、諸所外場下代出物蔵江上納可仕候間、受取差上候上、真・赤籾御法通を以、御渡被下度奉願候、何れ夫長種子籾不相渡候而者、来年より差當可致躰御座、差禿候外無御座候間、當時御訴申上候儀、恐入奉存候得共、此節之儀、往古より無之事二而、外二手段無御座、行迫候二付、御憐愍を以、願之通御免被仰付被下度奉願候、此等之趣御申可被下候、以上、 九月　種子島佐渡
115		文化元年10月	1804/10		大疫			種子嶋	十月、大疫、人多死、延及牛馬、使僧徒祈之、
		文化元年	1804/3/22		凶歳			種子嶋	以凶歳、求緩負債之息于銀主、記左、

表２－６ 『種子島家譜』災害年表

番号	史料番号	年月日	グレゴリオ暦	災害種別				被災地	史料引用
				風水害	飢饉・虫害	地震津波	火山		
116	819	文化元年10月	1804/10		凶歳			種子島	袖扣 親類種子嶋佐渡所帯、存外物入之儀打續、借銀致増長、可取續様無之、持高之内弐千石餘者相片付候得共、大分之借銀候得者引足不申、家格通り勤方をも難相勤躰可罷成外無之、及極難候二付、去ル酉之年より去亥年迄三ケ年、利足被延置、借状相直し、本銀三部本崩二被成給度、無據御相談申進候趣有之、御聞済被下、再重之儀無此上忝仕合、右二付而者、當暮より本崩御返済不致候而不叶儀當然事候故、極々せり詰倹約を用、此上者御無礼筋不相成様、折角致差繰候折柄、及御聞茂可有之哉、種子嶋之儀、當夏虫入之上、三度之大風二而、往古より無之災殃、田畑共無納同前相成、既二種子籾も無之、来春植付候手段毛頭無之候故、御物江御訴申上、種子籾千俵程差下、且又他國米千石程買入御免被仰付、爰元より茂飢米不相渡候而不叶事二而、右二付而者、定式出米之外無之候得者、重出米并出銀上納方、何様致工面候而茂相調不申、年延被仰付被下度、若難被仰付儀も御座候ハヽ、右二應候拝借二而茂被仰付不被下候而ハ、差秃候外無之旨、先達而奉願置候得共、未何様不被仰付渡候、種子嶋之儀、壱萬五千人程人躰有之候処、當秋出来米、都而取合三百石二者及間敷内見二候得者、爰元續料且飢米等何を以可取凌哉と、十方二暮罷居仕合、第一御取替申候御方々江御迷惑、申訳茂無御座候、互差秃之基候間、心外之御断申入候儀、何共氣之毒千萬心痛之至存申候得共、脱躰困窮之上、右様難尽筆紙不意之災殃二而、両三年之間、何れ嶋立候程合二而無御座、地方とは相替、遠海端嶋之儀、隣島迚も無之、當分より飢米等申出仕合二候得者、来秋迄如何可致哉、皆共無詮方仕合候故、誠難黙止御願申進候者、當暮より差上筈二候三部本崩銀主・出米・出銀、年限中部休二而被召置被下度、偏二御頼申入候、左候而年限相過候翌年より、先達而御断申進置候通、三部本崩二而可致御返済候間、近比不本意之次第御座候得共、右仕合故、此上者いか様致候而も、一圓出方相見得不申、毛頭秃入候外無御座候故、此旨無知理御断申進候間、右成行彼是御汲受を以、何卒御聞済被下度、偏二申進候、以上、 町家江者當屋敷蔵方と有之、
		文化元年	1804/3/22		飢			種子嶋	為救吾地人民之飢、請免納定賦外之税、若干不能許焉則假貸米銭、 官不免貢税、即假銀三十貫目也、事記左、
117	821	文化元年	1804/3/22		飢			種子嶋	口上覚 私領種子島之儀、當夏以来田地過分虫入有之、極難渋相見得候旨、先達而追々申越趣有之候二付、至此頃少々成共立直り候儀も可有之哉与、念遣敷存罷居候處、増日損地相見得、無納二可相成旨、村々より申出候二付、役々共差廻致見分候處、私領十八ヶ村之内七ヶ村無納相成、當冬種子米不差下候而者、来年より荒地二罷成外無之、其餘村之儀者種子米ハ兎哉角可有御座候得共、上納米者勿論、飯料方一圓無之、追々飢米差續申外無之筈与、十方二暮罷居仕合御座候處、去月十五日・同廿五日之大風二而、端嶋之事候得者、風強汐掛二而、猶又過分之無納二相成、七拾年来無之凶作、枦実其外諸雑穀至り、別而相痛、難尽筆紙段、此節飛船を以役々罷渡申出趣承、驚入申仕合二御座候二付、於爰元段々尽吟味候得共、出米上納且追々種子米等差續申筈候得共、見當迚も無之、私領之儀、壱万四千人程罷居、及大数人躰二御座候二付、此上者爰元より掛御役々被差越、御見分之上、當損・永損上見等取究、重出米御免之筋、御當地御同様之御仕向奉願度候得共、右躰毛頭無納二相成候地面、其儘召置候而者、此上猶又差秃候外無之、何れ即より致仕付候ハヽ、暫之凌二茂可相成と成丈打起為致、唐芋并蕎麦之類少々植付、且又纔計相残候場所、去年来之凶作二而飯料迚も無之、遠海相隔、隣嶋迚も無之、地方とハ相替、凌方之方便無御座、追々致苅取納、飢を凌申仕合二而、誠二無是非次第御座候得者、當分より御役々被差越候方二も難申上、彼是必至と行迫り罷居申仕合二御座候、是迄年々虫入有之、上見等申付候儀も御座候得共、格別成出米之儀二御座候得者、折角繰合を以上納仕来候處、當年之儀者、前文通之災殃故、近比恐入奉存候得共、當秋持高相掛定式出米之儀者、持高之内二而茂相片付候而上納可仕候間、重出米并人別・牛馬出銀、當壱ヶ年御免被仰付被下度奉願候、右躰無餘例災殃二而、上納方之方便一圓無御座、誠二十方二暮罷居申次第二御座候、格別成上納之儀候得者、可成丈御訴ヶ間敷不申上儀本意と奉存候得共、身分不相應之他借二而、諸人江茂及失礼罷居仕合御座候得者、取替等も相調不申、且(『己』の下に『大』)国方用心米并お隣殿方差分米・家来扶持米其外、難黙止入價及大分申儀候処、前文無類之災殃二付而者、必至と當惑仕罷居候間、何とそ右旁々御取訳を以、願之通御免被仰付被下度奉願候、若又願通御免難被仰付儀茂御座候ハヽ、何れ之筋右通仕合故、上納方之手便無御座候間、重出米・出銀年限中被召延置被下度、左候ハヽ年限相過候翌年引續上納可仕候、當御時節柄之儀二御座候得者、右様之御訴詔申上候儀、誠恐至極奉存候得共、無餘例災殃二御座候得者、いか様差繰仕候而茂、上納可仕様無御座候間、延御免をも難被仰付御座候ハヽ、何そ右二應候御取替被仰付被下度奉願候、左候ハヽ以御蔭救米等相渡、安心仕度念望二御座候、外二毛頭手段無御座、無詮方仕合御座候間、偏二彼是御憐愍を以、御免被仰付被下度、偏二奉願候、此旨御申可被下候、 以上、 八月　種子嶋佐渡

表2－7 『種子島家譜』災害年表

番号	史料番号	年月日	グレゴリオ暦	災害種別 風水害	飢饉・虫害	地震津波	火山	被災地	史料引用
118	822	文化元年	1804/3/22	大風				種子嶋	銀三拾貫目 右者、私領種子嶋之儀、當夏両度之大風二而、十八ヶ村之内七ヶ村無納地二相成、乍早速飢米等も手當調兼候付、願之趣有之、容易難被取揚候得共、無類之災殃二付而者、訳も相替候付、旁之御取訳を以、乍御時節柄本行之通、御取替被仰付、三ヶ年目皆返上被仰付候、 右申渡、可承向江茂可申渡候、 十一月 縫殿(高橋種央)
119	823	文化元年	1804/3/22		凶作			種子嶋	口上 親類種子嶋佐渡、私領凶作二付、先達而奉願趣御座候處、無類災殃之御取訳を以、御銀三拾貫目御取替被仰付難有仕合奉存候、右御礼佐渡病氣故、私を以申上候、『為御礼致伺公候、』 十一月廿三日 北條織部 『右之通、袖扣相調、織部様より縫殿様御方・猛太夫様御方江御持参、尤縫殿様御方江者墨付之通、猛太夫様御方江者朱直之通、』 (コノ記事ハ八二三号文書ノ行間ニアリ) 十二月五日、 官召家老于船手、命緩茲年人別出銀・牛馬出銀・船出銀、當来丑年六月納、蓋以饑饉也、
120	824	文化元年	1804/3/22		凶作			種子嶋	(八二四の一) 口上覚 一錢 (千脱カ)四百弐拾貫九百文 酉年人別出銀 内 四百貫文 先達而時々上納仕候、 残 千拾弐貫九百文 右、午十月迄月延蒙御免居申候、 一錢 千三百五拾弐貫三百文 戌年人別出銀 内 百八拾五貫文 先達而時々上納仕候、 残 千百六拾七貫三百文 一錢 百拾四貫文 戌年牛馬出銀 内 六拾八貫文 先達而時々上納仕候、 残 四拾六貫文 一錢 千三百七十五貫四百文 亥年人別出銀 内 九拾貫文 先達而上納仕候、 残千弐百八拾五貫四百文 一錢 百三拾九貫四百文 亥年船出銀 内 弐拾貫文 先達上納仕候、 残 九拾四貫文 右五行、當九月迄蒙御免居申候、 右者、去酉之年より一統人別・牛馬・船出銀被仰渡、種子嶋中年々出銀、右之通有之、段々奉訴、其内時々内上納仕来申候、然處當夏無類之凶作二而、種子嶋中無納同前二罷成、勿論近年凶作勝二而、皆上納相調不申候二付、誠二纔ツヽ、之内上納、依願御免被仰付、漸々繰合仕考二罷有候得共、右様當年難尽筆紙災殃故、内上納をも可仕手段無御座、勿論端嶋之事御座候得者、錢不通融故、蔵方取替を以上納仕、惣躰米穀之間を以為致取納、差繰仕候儀御座候故、蔵方二茂不相應之他借、其外難逃物入等も差屯、當時極難渋之砌二而御座候得者、取替可相調方便毛頭無御座、必至と當惑仕候、何れ上納不仕候而難叶、格別成儀二御座候得者、當秋右躰之災難、是より飢米・扶持米をも差續候才覚、夫さへ存之儘相調不申次第二而、十方暮罷居申候間、何様工面仕候而も出方一圓相見得不申候、右二付當御時節柄、近頃恐多奉存候得共、何卒右出銀之儀者、来年中被召延置被下度奉願候、成長ヶ少々二而茂内上納仕候上、奉願度候得共、前件申上候成行二而、何れ二も差繰難相調、誠二無詮方仕合二御座候間、御憐愍を以、願之通御免被仰付被下度、被仰上可被下儀奉願候、以上、 子九月廿八日 種子嶋屋敷役人 時任文左衛門[印] (八二四の二) 右之通申出趣、種子嶋佐渡被承届、私より可申出旨被申付候、以上、 九月廿八日 用頼代 橋口彦助
121		文化元年12月	1805/1/1					種子嶋	以吾地凶歳、覆府賈人原田十次郎假米百石[白赤各五十石]、約待豐登之年舍息而償之、
122		文化2年	1805/1/31		飢饉				去秋以穀不登、請種穀千包、官、今與之一嶋庶民[白穀八十七石五斗・赤穀百七十五石、出自高山組蔵下代田實彦七、白穀八十七石五斗、出自柏原蔵下代隈元彦八]、
		文化2年	1805/1/31		大飢				以年大飢、投書家老要民庶不餓死、事記左、
123	825	文化2年2月	1805/3/1		飢渇				覚 嶋中人躰救用として、他国米買下二付而者、旧冬積船追々繰上せ候由、然共遠海之事候得者、是迄船々不致下着、最早蔵米茂有少危相成候由二而、今便米買下方之儀申越候故、承届驚入候、右躰段々船々延着二而、萬一人躰救方届兼、及飢渇候而者、外聞旁気之毒之至致心痛候、掛而之儀可加下知之様茂無之候間、役々心配之上不致餓死様、折角気を可附儀肝要候、勿論田地仕付方二付而者、荒地無之様致手配、村々より申受候種子籾無利足を以拝借可申附候、 右如例可申渡候、 丑二月 佐渡(種子島久柄) 役人江
124		文化2年3月20日	1805/4/19		蝗			西之表村	同日、西之表村蝗、使僧徒祈之、
		文化2年3月	1805/3/31		大飢				三月、以吾人民大飢労、奉書請借米千石 官、其書曰、

表２－８　『種子島家譜』災害年表

番号	史料番号	年月日	グレゴリオ暦	災害種別				被災地	史料引用
				風水害	飢饉・虫害	地震津波	火山		
125	827	文化2年3月	1805/3/31		大飢			種子嶋	口上覚 私領種子嶋之儀、去夏田地虫入之上、数ヶ度之大風二而、惣不納同前、種子絶二相成、不及是非、先達而奉願候趣御座候処、御銀三拾貫目御取替、他国米買入、種子籾申受等難有蒙御免恐入奉存候処、全躰困窮之蔵方之上、不意之災殃、何共及手二不申候得共、出米代銀并買入米代銀之儀者、何れ共調達不仕候而不叶儀故、旧冬役々大坂へ差上せ候処、大金之御取替乍漸内拂仕、米買入船を茂取仕立申候得共、船数ヶ至少、適取仕立候船茂、遠海之事二御座候得者、急速間二逢兼候二付、時々御當地より買下、猶又人躰江ハ秋より是迄之間、山野稼等出精為仕、救米を茂相渡来候処、地方とハ相替り、端嶋之事二御座候得者、外二稼方等之動キ一切無之、是迄凶年之節者、蔵方より一篇之取救二而御座候処、右様之次第二御座候得者、一萬五千人程之人躰救方、且當節田地仕付方、専人民力業入申時分之事候処、五穀之力二而無之候得者、難取續、大坂より差下筈之米、是迄百石余、其余ハ未到着不仕候、當分救米茂最早及拂底、人躰飢方二付無為方、役々早々飛船取仕立罷登候二付、則より猶又差急キ、爰元より下シ米之手段、何れ借入之外無之、兼而出入之商家差縺を以才覚いたし候得共、相調不申、遠海之儀、右様災殃之折二も有之相調不申、且持高之内、兼而脇方借銀利足として遣置、繰計相殘候高拂迚茂、場所等不宜、調達急二出来不申、十方二暮為申次第二御座候、一應訴詔申上候儀、恐至極奉存候、救方之吟味尽手申候得共、前件申上候通、困窮之蔵方二御座候得者、借入迚茂不相調、少々借候得共、去秋より是迄之間、救方差急候得者、外二此涯救米調達之手段一切無御座、當惑仕候、依之不顧恐重畳奉懸訴候趣、左二申上候、 御米千斛 右申上候通、差掛り當難之事御座候故、右員数何卒肝附表・山川邊通船宜敷場所より拜借被仰付被下度奉願候、返上納之儀者、御茲悲之筋二而、助命之基為相成事候間、折角作略繰合等いたし、當秋より御見合を以、年府二而於大坂代官上納被仰付度奉願候、右之通不顧恐奉愁訴儀御座候、何とそ右躰災殃無是非次第、人躰差當り身命相掛、誠二肝要之事故難黙止、脱躰困窮之蔵方、御當地之儀者、精々倹約を用せり詰、家格之動方且於隣殿御不自由筋無之様御取續候手段可仕候得共、私領之儀隣嶋迚茂無之、以御蔭取續候外無御座候間、何卒御憐愍之上、旁御免被仰付被下候様奉願候、此旨御申可被下度候、以上、 三月 以歳凶請假米千石　官、官不肯許焉、亦非棄之、乃令、今將轉輸米千石於大嶋、船逢風浪湿米、故停船於佐多大泊浦、須訴之、
126	828	文化2年	1805/1/31	大風	虫			種子嶋	連署引付写 写 引付　御物蔵 錢七百八拾四貫四百弐拾壱文 銀二シテ七貫八百四拾四匁弐分壱り壱毛　内　八拾九匁四分八里九毛 中濡真米四石五斗弐合 但　壱表入実斗桝三盃も入付置候由、差引蔵方目付より申出、然者壱表者小桝二シテ三斗三升六合二成、壱表二付、落直拾匁壱分四り替、 五貫七百六拾三匁七分九り七毛 銭二シテ五百七拾六貫三百七拾六文　外　右同真米弐百六石八升　俵二シテ六百九拾三表壱盃 但　右同断壱表二付、　落直銭九百三拾八文替 三百六拾六匁壱分四り五毛　中濡赤米九石七升弐合　俵二シテ弐拾七表 但　右同断壱表二付、落直拾三匁五分六り替、壱貫五百弐拾四匁七分九り毛 銭二シテ百五拾弐貫四百七拾六文　外　右同赤米五拾七石四斗四合　俵二シテ百七拾弐表六升 但　右同断壱表二付、落直八百八拾八文五分替 種子嶋佐渡殿　役人 右者、種子嶋去秋田地虫入之上、数度之大風故、島中至而極難渋二成立、段々御訴詔被申出、銀錢等拜借旁被仰付候得共、壱万五千人程之人躰相及候二付、少事二而者行届兼、既二飢方之躰相見得、殊更此節大嶋御續米之内、濡米二相成、佐多大泊卸方有之、御用米不相成、入札拂被仰渡候処、右御米入札高直成を以、皆同申申受御免被仰下度願申出趣有之、真・赤米有限、前文落直成を以、願之通被仰下候旨、丑四月廿四日、伊集院平殿御取次證文を以被仰渡候二付、落直代銭として上納也、 御代官寄　内藤善左衛門[印]　表方御代官　田中清右衛門[印] 四月廿六日　かね蔵　役人
					飢餓				以人民飢餓憔悴且府庫困窮、以書告役人、要済万民之死用倹能斉家也、其文曰、

表２－９　『種子島家譜』災害年表

番号	史料番号	年月日	グレゴリオ暦	災害種別				被災地	史料引用
				風水害	飢饉・虫害	地震津波	火山		
127	829	文化2年	1805/1/31		凶歳			種子嶋	覚 當凶歳之儀二付而者、先達而申渡置候通之儀二而、旧冬役々上 坂いたし候、手當いたし置候米、下方及延引候、漸々蔵方米拂底 二相成り、又々米之儀申越、極難渋二申候段、具二相達し驚入仕 合、朝暮不安心慮、若餓死之間得共有之候而者、如何之至二候 故、蔵方難渋之折柄なから、役々心配之上、餓死不致様可相計候 、右乍再重至極念遣二存候故、又々申渡候、且又救米之儀二付、 於此元役々手當いたし候得共、米錢之調達不相調、無是非大坂 二繰上せ候、拜借銀を以、米買下候由、追而之救米ハ勿論、最早 當夏中取續之目當無之、此上ハ持高相拂外有之間敷与致承知候 、誠二令心痛候、傳来之高茂先年以来、銀主方へ差遣置、又々相 拂候儀、不慮之乍災殃とハ言、残念之至歎敷事二候、當代二而 高過半相片付候得者、奉對御先祖恐入次第二候、剰旧冬役々出 府之刻、段々倹約筋申出、詰人なとも減少いたし候上なから、極 々難渋、進退差迫り之事二而、詰合役々遂吟味、可成丈倹約相用 候様申出趣有之期、難渋之上者尤之事二而、一々致許容、乍不 自由詰人等減少、諸事用作略、行々所帯立直り候様致心防事二 候、依之種子嶋之儀茂不限貴賤、汲受其旨趣、萬事致省略、上下 一致之上、是より蔵方立直り、脇方へ渡置候高之儀茂、受返し之 筋無之候而不叶事候間、纔之事迚も無益之費無之様可申付候、 四月 佐渡 役人江
128		文化2年	1805/1/31					種子嶋	頃日、人民飢労最甚焉、取馬毛嶋蘇鉄[一島之小舟、自西面自東面僅到]、末之淹水以為食、全活者殆數百千人、
129	833	文化2年	1805/1/31		飢			種子嶋	種子嶋萬民極々飢労之上、毎々此元江申越候間、(『己』の下に『十』)竟遠海上船遅着之處より右次第、氣之毒之至、端嶋之事候得共、至極念遣二存候、先達而申附置候通、人躰飢死共いたし候而者、貴賤共二人命二相掛り候儀、不輕事二候、萬一右躰之間得共候而者、御法様可有之儀、誠二不等閑儀候条、乍此上精々救方無緩疎可念入候、依而種子嶋へ可申越候、 六月 佐渡 役人 物奉行 用人
130		文化2年	1805/1/31		飢労			住吉村	與米五包住吉村、今茲大飢労、一嶋人民求救、住吉村亦飢、然想府庫虚耗、相共食草根、不請救焉、賞其篤實也、而后納薪三千斤、謝之、
131		文化2年	1805/1/31		飢難			中之村	與米二斗中之村百姓休之丞、賞憂庶民飢難、耕耨不受其賃用、以吾所有牛馬助之、無荒蕪之地也、
132		文化2年	1805/1/31		大饑			種子嶋	與高一石柳田龍助、賞憂歳大饑府庫空乏、普難救庶人、納錢百貫文以助之也、
133		文化2年	1805/1/31		大饉・疫癘			種子嶋	年大饉、加之以疫癘故、緩寺社及諸士以下禄地之税[以八升一合為恒、頃日官役年期増五升、共計一斗三升一合、謂之高出来、白米二百五十九石四斗二升余、赤米二百五十九石四斗二升余]、
134		文化2年春～秋	1805/1/31		飢			種子嶋	自春至秋、糴于他國救士庶人之飢、凡千百二十二石余、且遣家老・醫者巡察村里、而雖救飢治病、死者殆千人、
		文化2年10月27日	1805/12/17		飢餓			東町	廿七日、　官聞東町之甚兵衛者救吾地飢餓之人民、　命書以聞之或如甚兵衛者可白也、因柳田龍助納錢百貫文、以補府庫之用、併書上之、事記左、
135	835	文化2年	1805/1/31		凶歳			種子嶋	覚 種子島之　甚兵衛 一米三百三拾石 一味噌弐千五百斤 一醤油粕五百斤 一米弐百弐拾石 右者、去ル子秋、種子嶋一統災殃二付、人躰救方として米千九百石買入方奉願候処、御免被仰付被下候内、甚兵衛買下仕度蔵方江願出趣有之、自船弐拾三反帆、鹿児嶋之水間次郎左衛門江賣渡、當春瀬戸内并鹿児嶋山川より、右代錢を以前文之通買下、嶋中人躰江雜費迄を相掛、乍手薄自身勝手を差置、賣拂又者延米かし付等仕、親類并所帯乏敷者へも少々之氣附仕候、當凶歳に付而者、一廉之用相違、心入奇特之者二御座候、依而御しらへ二付、如此二御座候、以上、 錢百貫文 種子嶋佐渡内　柳田龍助 右者、去子秋種子嶋一統災殃二付、人躰困窮之砌、蔵方救米之足二茂可相成存念之由二而差出候二付、米穀等買入、一廉之用相達申候、且隣所之者二も相しらへ申候処、所帯向茂相應二御座候処より、夫長兼而乏敷者二者氣付等仕、猶又當年者、分而右躰之者江助勢仕候由、旁心入宜敷相見得申候、依而此段御しらへ二付申出候、以上、 丑十一月
136		文化3年7月18日	1806/8/31	大風				中之郡	七月十八日、中之郡大風、倒家九十二區、
		文化5年2月14日	1808/3/10		穀不登			種子嶋	二月十四日、赦吾地人民男女・老幼及病労・困窮者一匁出銀、向以近年穀不登嶋中民大苦飢寒、訴免納人一匁銀也、詳左、

表２－10 『種子島家譜』災害年表

番号	史料番号	年月日	グレゴリオ暦	災害種別				被災地	史料引用
				風水害	飢饉・虫害	地震津波	火山		
137	847	文化5年2月14日	1808/3/10		穀不登			種子嶋	種子島之儀、近年凶歳打續、別而相労極難之ものハ、此節壱匁出銀上納難成、御免之願申上候間、私共江栄労見分被仰付、家来・寺門前・浦人之儀者、相労出銀不相調丈之もの、百姓・野町人之儀者、栄労共二見分仕、或段々取分細々可申上旨、先達而被仰渡候、依之仰渡之依御ヶ条、銘々之見分仕、委細之儀者、別冊帳面二相記申上候、是又浦人其外地方之名目二相替候儀二茂有之候ハヽ、是又細委可申上旨承知仕候、於種子島浦人之儀者、水主・百姓之儀者在郷と手札面二茂有之候外、弐拾人と相唱候もの有之、於御城下御船手附之者二準格合と相見得候、今度見分仕候労之男女六千七百七拾四人、別而極難之者共二而、飢寒相労、出銀上納一圓相調申丈二而無御座、朝夕木之実・葛之根類二而乍漸助命仕躰二御座候、尤栄人二相立候ものとても、過半ハ相労れ、唐いも作迄を以致渡世罷有候、全躰當嶋之儀者、地方と相替り端嶋二而、銀銭之通融不自由之場所、殊二近年凶歳打續、當年之儀者、猶更両度之大風二而、作毛致不熟候由二而、惣躰困窮仕罷居候、夫故是迄過分及滞納為申由二御座候、私共見分仕候成行、此旨申上候、以上、 十一月廿日　槐嶋傳之助　鎌田助左衛門　根元八十治　長谷場貞治 内山伊右衛門殿
138	849	文化5年	1808/1/28		凶歳			種子島	御朱書 此表端嶋又者凶歳等之取分を以、労もの之儀者、出銀差免、栄人二相立候もの共ハ、物奉行しらへ之通、當六月迄延上納申付候条、如例可申渡者也、 辰二月十四日　御勝手方掛　取次　伊集院平　物奉行
139		文化5年3月10日	1808/4/5		飢饉			種子嶋	三月十日、使家老上妻七兵衛宗愛致馬毛嶋樹蘇鐵、禁放野火也、自往年子至丑年、嶋中大飢饉、方此時人民取彼蘇鐵、充食救飢、故有此策、
140		文化8年4月4日	1811/5/25	洪水				中之村	四月四日、洪水壊中之村田地太多、
141		文化8年6月8日	1811/7/27		大飢			古田村	六月八日、與米一石于古田村人民、自是郷風俗懶惰毎歳怠貢税、故以羽生伊兵衛・日高七郎左衛門假為高奉行教導之、於是其風漸将改、今歳遇凶歳人民大飢、故賜之以安民心、
142		文化8年6月15日	1811/8/3	旱魃				種子嶋	十五日、以旱魃、命三箇寺誦經乞雨、
143		文化8年	1811/1/25		凶歳			種子嶋	*以廿人格榎本甚兵衛為組士且船手検者、嘗文化元年遇凶歳、貿易己船而救庶人之飢、故為士謂無便於商買、謙遜固辭不受、然以老成船事、今又及茲、賜扶持米三石、*
144		文化8年8月12日	1811/9/29	旱				上里村	十二日、上里村以旱損、田地五賦[以五石為一賦]、切除[不入於賦謂切除]廿六區請検地、随其損輕重減賦有等、
145		文化8年12月1日	1812/1/14	洪水				古田村	*十二月一日、與米二石于古田村民、茲年洪水壊溝洫太多、将出府庫米修治之、時村民憂府庫空耗而自修治之、故及茲、*
146		文化8年12月11日	1812/1/24	田地溝洫					*十一日、與米二斗于野間村鮫島喜蔵夫婦、妻石堂弥三次子也、頃日父弥三次為古田村庄屋、治田地溝洫、聞之、製焼酎携来、飲役夫救寒苦、故賞其志厚也、*
147		文化9年7月11日	1812/8/17	大風	蝗			平山村・安納村・現和村・國上村・島間村・古田村・増田村・住吉村・上里村・安城村・西之村・油久村・坂井村	十一日、大風、平山村・安納村・現和村・國上村・島間村・古田村・増田村・住吉村・上里村・安城村・西之村・油久村・坂井村傷禾、且蝗、
148		文化9年	1812/2/13	風				上西之表村・納官村・平山村・茎永村・中之村・西之村	上西之表村・納官村・平山村・茎永村・中之村・西之村以風損請檢地、故随其損之輕重減賦、有差、
149		文化9年	1812/2/13		凶歳			種子嶋	命雖於獵山初得獲者招射者於己家催賀筵、以年凶歳止之、以目録献銀三匁、唯親戚者會筵、設一羹酢酬可以賀之、
150		文化10年6月25日	1813/7/22		不登			安城村・古田村	*廿五日、與米六斗安城村庶民、二斗古田村庶民、去歳以年不登一統辞定賦、安城村・古田村雖亦不全熟受定賦。故賞之也、*
151		文化10年10月9日	1813/11/1		凶歳			種子嶋	*九日、以榎本甚兵衛為廿家格、嘗以當凶歳救庶民之功為士與禄地、以害生業辞之、暫免其請而及茲、*
152		文化11年正月23日	1814/3/14	旱				種子嶋	廿三日、以旱魃使僧徒誦經乞雨、廿五日得雨、
153		文化11年7月10日	1814/8/24	大風				種子嶋	十日、大風、倒家四十一、斃馬一匹、傷禾許多、
154		文化11年	1814/2/20		不熟			坂井村・中之村・古田村・茎永村	坂井村・中之村・古田村・茎永村田地不熟、減賦有差、
155		文化12年7月4日	1815/8/8	大風・洪水				種子嶋	七月四日、大風・洪水、田園大損、
156		文化12年	1815/2/9	大風・洪水	蝗			種子嶋	去七月四日、爲大風洪水及蝗、傷禾及田地、如左、茎永村番入百四十五賦[以五石為一賦]・切除[不入於賦者謂切除]百七廿區、平山村百六十賦・切除三百七十八區、國上村六賦・切除五區、現和村五賦・切除三區、下西之表十一區、上里村七賦・切除二十區、住吉村五賦・切除三區、納官村九賦・切除廿二區、西之表村切除廿五區、安城村五賦・切除十五區、坂井村切除十九區、古田村三賦、中之村切除三十區、増田村切除三十區、各随損之輕重而減賦有差、
157		文化12年8月8日	1815/9/10		蝗			安城村・国上村・茎永村・西之村・現和村・西之表村・古田村・平山村	同日、以安城村・国上村・茎永村・西之村・現和村・西之表村・古田村・平山村有蝗[異于常蝗甚大也]、使僧徒誦経於本源寺、且使郡奉行諸士放鉄砲追之、
158		文化12年11月4日	1815/12/4		田地不熟			茎永村	四日、茎永村日高嘉左衛門免横目寺入于清淨寺三箇月、田地不熟、請檢地而定賦之日、有邪曲之行、今歳以家督、宥恕而罪之如此、連及庄屋休左衛門、横目日高仁左衛門・岩坪甚左衛門・古市十兵衛、作見舞梶原儀兵衛・馬場五左衛門寺入各二十七日、
159		文化12年11月12日	1815/12/12	風	蝗			中之村	*十二日、與米一石中之村庄屋・横目・作見舞、二石百姓、今歳有風・蝗之災田地不熟、諸村請檢地而減賦、賞中之村雖亦不全熟納定賦也、*

表2－11 『種子島家譜』災害年表

番号	史料番号	年月日	グレゴリオ暦	災害種別				被災地	史料引用
				風水害	飢饉・虫害	地震津波	火山		
160		文化12年11月12日	1815/12/12		田地不熟			安城村	同日、安城村庄屋長野太左衛門・故横目田上木工左衛門・小川兵左衛門・日高紋左衛門・作見舞田上六郎太・鮫島孝四郎・長野才之進寺入三箇月、嘗以田地不熟、請檢地、随例大概定賦而聞之大卑下也、故罪之也、
161		文化12年11月16日	1815/12/16	大風・洪水	凶歳			種子嶋	十六日、免城下掃除、以歳凶且大風・洪水、破田園甚衆、修築之夫及數千万人之故也、
162		文化13年8月3日	1816/8/25	大風雨				種子嶋	三日、大風雨、
163		文化13年8月7日	1816/8/29	風害				國上村・坂井村	七日、國上村・坂井村告風害、
164		文化13年閏8月4日	1816/9/25	大風				島間村	四日、島間村村吏以大風傷禾請檢地、
165		文化13年閏8月7日	1816/9/28	潮大湧				平山村	七日、平山村訴潮大湧傷田地、
166		文化13年閏8月17日	1816/10/8		蝗			安城村	十七日、鮫島甚右衛門寺入于清淨寺、八板庄右衛門寺入于淨光寺、各六个月、客歳安城村有蝗、議而減定賦之日、使庄右衛門量其損豫定税、及檢見之其所害大齟齬、故及茲、
167		文化14年4月27日	1817/6/11	洪水				下西之表村・安城村・現和村・安納村・納官村	廿七日、洪水、下西之表・安城村・現和村・安納村・納官村破田地甚衆、
168		文化14年6月6日	1817/7/19	旱				種子嶋	六日、以旱魃使僧徒祈雨、十三日、得雨、
169		文化14年8月19日	1817/9/29		蝗			増田村・平山村・西之村・中之村・島間村・上里村	十九日、増田村・平山村・西之村・中之村・島間村・上里村有蝗不登、故随損之輕重而減賦有差、
									以府庫困窮禄毎一石定賦外賦米一升五合、故以書諭、諸有司事記于左、
170	38	文化15年	1818/2/5		凶歳			種子嶋	一去秋種子嶋中格別之凶歳二而出米上納、且又所帯方取續難調金かり入之外無之段、鎖細二成行段々出府之役々より具二致承知驚入仕合、出米上納之儀者格別之儀、皆案内之通二候、大金之借入容易二可調哉、甚以心痛之至、親類衆江も申談、其手當肝要候間、早々致心配成行細々可承通候、乍此上一涯用儉約當難可相凌工面第一二候、尽吟味候上ながら一涯省略筋可致吟味候、當年柄二付而者諸士合力米も可差免之處、高壱石二付壱升五合合力米可申渡吟味之趣申越、蔵方難渋之儀差見得候得共、一統之凶歳分而困窮之者ハ一入可及迷惑候、可成丈當年之儀者合力米差免筋於此許遂吟味候様申渡候得共、出米上納其外取續見當無之、役々二も只束手罷在候役細々承達いたし、乍残念不及是非吟味之通申付候、常々用儉約、右躰災殃之節者可取救之處、却而不本意之至令心痛候、猶又種子嶋中取締之儀質素之方二立直り、又者花美之風俗二流候儀取計向等等閑之儀二而者難最通、一統致心服省略筋銘々心掛候様成立筋二取計様肝要之事二候、猶又年柄二付下々取續何様可有之哉、右之趣各心得候事無申迄も、彼是心遣存候間、右之趣種子嶋江も可申越候、 寅　二月
171		文化15年4月10日	1818/5/14	旱				種子嶋	十日、旱魃、使僧徒祈雨、十三日得雨、
172		文政3年6月24日	1820/8/2	風雨				増田村・野間村・油久村・坂井村・納官村・安城村	廿四日、増田村・野間村・油久村・坂井村・納官村・安城村、訴風雨傷禾、
		文政4年	1821/2/3		凶歳			種子嶋	命以凶歳之故省費用事儉約、宜備救下民之用、事開于左、
173	63	文政4年	1821/2/3		凶歳			種子嶋	去秋田地不熟二付格別之凶歳之段聞及、甚以令心痛候、此元取續者勿論、種子嶋人民救方之儀も無手抜様精々可遂吟味候、此元折柄取締方二尽吟味候得共、當時勢甚繁栄二而不遁付合等茂有之、不慮之入價過分有之、作略心之侭難届召仕之女両人一往致減少、猶又側用人交代、近習役・普請奉行當夏詰減候而者、外役より兼務二而可然哉、夫々之役場相減候而者、彼是不如意も可有之候得共、格別之凶歳二付、外二作略之手段茂差當無之故、委細遂吟味、此上吟味之筋も候ハヽ早々可申出候、 巳正月　役人中　物奉行中
174	64	文政4年	1821/2/3		凶歳			種子嶋	家督以来彼是之故障二付、初入部致延引、當年者格別凶歳二而候得共、當秋物左も有之間敷候間、是非可致下嶋、時節柄之事故、諸篇可致作略、其内式二相掛儀者不及入價様可遂吟味、才兵衛此節母為見廻暫時之暇願出差下候間、下嶋一件具二申付置候間、吟味之成行此元江出府之節委敷聞通、其上於此元遂吟味可罷下候、當時之世風甚繁栄二而、難黙止付合當時入價も過分有之候間、致下嶋候ハヽ都而蔵方之都合も可被宜存候、旁委敷可遂吟味候、 正月　役人中
175		文政4年2月7日	1821/3/10		田地不熟			現和村	七日、現和村横目鮫島善太右衛門・榎本惣兵衛・羽生平太左衛門寺入于妙昌寺角三箇月、作見舞才川仁平太・小山田平吉寺入于清浄寺各三箇月、去秋以田地不熟随例豫定賦請検地、有司検校之、其賦大違幾至定賦、故罪之也、
176		文政4年3月11日	1821/4/13	風浪悪				住吉村	十一日、住吉村之與平次船[二枚帆、水手二人船頭共三人]将赴麑府、昨十日開港、中途風浪悪、於頴娃大川洋中破船、乗橋舟欲上岸、去岸邊可五十間、巨濤覆之、與平次・喜三者上大河浦之東笹原鼻、女洲浦之彌平次者溺死、十八日得彌平次骸于塩屋浦、即葬于知覽西福寺、頴娃浦役小山伊右衛門・上野六次郎、知覽浦役的場仲左衛門・鮫嶋仲兵衛、贈書告于麑府邸、
177		文政4年7月晦日	1821/7/29	大風				種子嶋	晦日、大風大傷禾、
178		文政4年8月13日	1821/9/9		凶歳			種子嶋	十三日、以凶歳止馬追之式、遣馬役執唯及二歳駒、
179		文政4年	1821/2/3	大風	蝗			西之村・平山村・莖永村・上里村・中之村・島間村・坂井村・安城村・納官村・國上村・野間村	西之村田地十三賦[以五斛爲一賦]不入賦田七十九區、平山村百五十一賦不入賦田六百八十九區、莖永村八十八賦不入賦田五百六十區、上里村六賦不入賦田五十四區、中之村田地[失其数]、島間村五賦不入賦田四十九區、坂井村四賦不入賦田六十七區、安城村七賦不入賦田三十二區、納官村六賦不入賦田三十區、國上村二十六區、野間村二十四區為大風蝗虫所傷、随其損減賦有差
180		文政5年6月6日	1822/7/23	大風				種子嶋	六日、大風、
181		文政6年4月21日	1823/5/31	洪水				種子嶋	廿一日、洪水、

表2－12 『種子島家譜』災害年表

番号	史料番号	年月日	グレゴリオ暦	災害種別				被災地	史料引用
				風水害	飢饉・虫害	地震津波	火山		
182		文政7年12月3日	1825/1/21	大風洪水				莖永村	十二月三日、大風洪水、莖永村岸崩椎木門名子六太郎妻及女子[當歳]、井手平門名子七蔵男子犬之子壓死、締方横目野崎四郎次・河野次兵衛、吾横目長野良左衛門武清・渡邊源十郎直至莖永村、檢視屍告官、
183		文政7年12月8日	1825/1/26	西風強				種子嶋	八日、與赤米一俵于野町人新原治平、嚮西風強大載米船甚危、新原出群能保護故也、連及褒詞八板作右衛門・榎本新四郎、與赤米二斗于池田浦喜太郎・周太郎・儀平太・新次郎・万四郎、簞泊浦藤之助・岩吉・辨吉・佐吉・友吉・嘉吉・庄五郎・政次郎、洲之崎浦七太郎・清五郎・政吉・喜平太・休太郎・仙吉、
184		文政8年3月7日	1825/4/24	風浪				種子嶋	七日、與米二斗于八ヶ代二郎右衛門、波見之新助船去年為風浪大損斯於此地修補之、不償其費用、次郎右衛門到波見説話、令新助竟償之、故賞之也、
185		文政8年5月16日	1825/7/1	洪水				國上村・安城村・住吉村・下西之表村・増田村	十六日、洪水國上村・安城村・住吉村・下西之表村・増田村、破壊田地甚多シ、
186		文政8年6月8日	1825/7/23	洪水				増田村	八日、與米二石于増田村、去五月十六日洪水破田地甚多、修築之役夫過分故與之助費、
187		文政8年7月晦日	1825/8/14		不登			種子嶋	晦日、以歳不登止馬追之式、物奉行西村甚五太夫、馬役板藤角・羽生半左衛門・羽生直一郎・川内六郎、巡諸枚執唯充二歳駒、
188		文政8年8月13日	1825/9/25	大風				種子嶋	十三日、大風、破船二艘、破屋傷禾、不可枚擧、
189		文政8年8月18日	1825/9/30	大風				莖永村・坂井村・上里村・中之村・平山村・納官村・西之村・増田村・住吉村・國上村・西之表村・島間村	十八日、莖永村・坂井村・上里村・中之村・平山村・納官村・西之村・増田村・住吉村・國上村・西之表村・島間村、為大風傷禾、減賦税有差、
190		文政9年2月10日	1826/3/18	洪水				古田村	十日、與米五石于古田村庶民、去歳夏田地為洪水破壊、将興役而修理之、於是庶民請修之、免之、功成後使高奉行點身之、其迹堅固也、賞不取其傭賃勞役公事、以及茲、乃令高奉行命勸稼穡益可勵奉公、
191		文政9年2月10日	1826/3/18	洪水				住吉村・納官村・野間村	同日、去歳夏諸田地爲洪水破壊、将興役而修理之、住吉村・納官村・野間村庶民請躬修之、免之、功成後使高奉行點見之、其迹堅固也、憐想蔵廩窮乏不受貢米、以勞力溝洫、故令高奉行褒詞之、乃益可勵奉公、
192		文政9年4月9日	1826/5/15	大雨洪水				現和村	九日、大雨洪水、現和村告田地水災、
193		文政9年4月9日	1826/5/15	大雨洪水				現和村	同日、現和村郷士小山田善五郎在川頭苅秣、雨頻降、水溢溺死、即聞于官[締方横目及吾横目記失姓名]、
194		文政9年4月11日	1826/5/17	水災				國上村・住吉村・西之村	十一日、國上村・住吉村・西之村、告田地水災、
195		文政9年5月9日	1826/6/14		虫食			種子嶋	九日、虫以食甘藷苗、令三箇寺僧徒禱以去之、
196		文政9年8月6日	1826/9/7		凶歳			種子嶋	同日、以凶歳止馬追式、唯執充二歳駒、馬役羽生藤太郎・美坐正左衛門・西村惣次・宮浦乗助、
197	148	文政10年	1827/1/27		凶歳			種子嶋	乍恐奉訴候、主人蔵方先年以来難渋之上、文化元子之年無類之凶作二而、島中人躰及飢候付拝借被仰付、其上御當地并大坂より他借を以乍漸人命相救申候次第二御座候、其より利足等相重ミ返済相調不申、追々吉凶之入價打續、連々他借増長仕、至當分候而者銀主共より稠敷預催促候得共、返済之手段無之、失禮ながら茂前後繰合少々内入等仕申断置仕合御座候、然處種子島之儀者、遠海上之儀二而金錢不通融有之、何れ成土産之品二而無御座候而者、外二補方無御座、近年鬱金莪荒并作式仕馴、少々之餘勢も有之候處御差留被仰渡趣承知仕候、今通二而者蔵方取續之手段無御座、必至与行迫込り居候次第二付而者、於隣殿二茂何れ御不如意被為在儀二成立可申者案中二而、別而氣之毒之至乍恐奉存候得共、外二詮立候産物茂無御座、端島之儀田畑不熟之年柄而已有之、依之奉願候、島元之儀者山野手廣場所御座候間仕明仕、黍植付砂糖製法方　御免被仰付被下度念願御座候、尤出来砂糖之儀者都而自分失脚を以、山川又者何方二而茂御差圖次第繰登差出可申候間、御直組之儀者御吟味之上三島同様之振合を以御買入被仰付被下度、左候ハヽ一統出情（精）為仕、追々過分出来仕候様成立申候ハヽ、御国益二茂相成可申哉与乍恐奉存候、次二者御蔭を以蔵方取續之助勢二茂相成可申候、種子島之儀他国人入来候儀御禁制被仰渡置、譬御當地之人迚茂無故差越候儀一切不相成仕来之場所柄二而御座候得者、右製法方　御免被仰付二付而者、別段御取締等之儀者何様二茂御沙汰次第可奉畏候、右奉申上候通難渋旁之訳を以、御免被仰付被下度奉願候、此等之段被仰上可被下儀奉頼候、以上、正月廿三日　種子屋敷役人　知覧才兵衛（行寛）
198		文政10年2月29日	1827/3/26	風	旱・蝗虫			種子嶋	廿九日、以近年有風旱蝗虫等之殃、五穀不登庶民困窮、免未進米、中西之表村百二十七石五斗一升六合、上西之表村百廿石八斗七升二合、下西之表村三百五十九石九斗三升、國上村三十六石八斗七升二合五勺、安納村十石六升三合、現和村七十五石二斗六升一合、安城村十一石一斗二升四合七勺、古田村百三十石二斗三升三勺五撮、住吉村百十六石五斗四升六合、納官村二百六石三斗一升四合八撮、増田村百二十三石九升五合一勺八撮、野間村百七十八石四斗八升三合一勺一撮、油久村六十石八斗七升六勺、坂井村三百九十四石八斗二升、平山村五百七十二石三斗二升二合、上里村八十九石七斗六升六合、莖永村八百八十二石五斗四升五合二勺、中之村千八百五十三石六升三撮、西之村十六石三斗五升五石、島間村二百三十三石八斗一升四合三勺、惣計五千五百九十九石八斗五升九合九勺七撮、
199		文政10年3月11日	1827/4/6	洪水				西之村	十一日、與米十五石于西之村、賞洪水傷田許多不待府庫之助修築之也、
200		文政10年4月晦日	1827/4/26		虫喰			種子嶋	晦日、以虫喰甘藷之苗使僧徒禳之、
201		文政10年5月12日	1827/6/6	旱				本源寺	十二日、以頃旱使僧徒會本源寺祈雨、十三日、得雨、
202		文政10年6月24日	1827/7/17		虫喰			種子嶋	廿四日、使三箇寺及一島諸寺一七日誦經禳喰甘藷苗虫、
203		文政10年8月12日	1827/10/2		不登			西之村・中之村・莖永村	八月十二日、西之村・中之村・莖永村田地不登、減賦有差、

表２－13 『種子島家譜』災害年表

番号	史料番号	年月日	グレゴリオ暦	災害種別 風水害	飢饉・虫害	地震津波	火山	被災地	史料引用
204	154	文政10年	1827/1/27		凶歳			種子嶋	種子嶋伊勢 右、先年以来蔵方難渋之上無類之凶作ニ而、島中人躰及飢候儀茂有之、追々吉凶之入價打續、殊ニ遠海之儀ニ候得者金錢不通融ニ而、何土產之品ニ而無之候而者、外ニ補方之趣法無之ニ付、砂糖製法方　御免被　仰付度願被申出、旁無據趣ニ付願之通被　仰付候、左候而砂糖上納且納方等之儀ニ付而者、追而何分可申渡候、 右、可申渡候、 九月　久馬(川上久芳)
205		文政10年11月3日	1827/12/20	旋風				坂井村	三日、坂井村柁潟塩戸旋風大起壊塩屋、煽火人家盡焼亡、揚漁舟于空中、或落水中、或落石上、或破、或損、皆云、潜龍起、人馬・手札等無恙、事聞于　官、
206		文政11年6月4日	1828/7/15		蝗			油久村・古田村・住吉村・島間村・中之村・西之村・莖永村・平山村	六月四日、油久村・古田村・住吉村・島間村・中之村・西之村・莖永村・平山村、各蝗、
207		文政11年8月9日	1828/9/17	飆風				種子嶋	同日夜亥刻、飆風一條[廣可三十丈]起自現和村大峰、向東北吹去、壊本立人家、出于菖蒲平、向北過國上村寺之門、到奥傳折、過大原出于海、其所觸巖崩峰割、樹木無大小折摧、揚巨松牽數町外、況於人屋乎、國上村倒家十三、觸損者不知數、就中河内甚左衛門家倒、甚左衛門及外孫河内嘉平太女子為材所壓即死、嘉平太妻得隣人之救纔免死[后経二十八日竟死]、然火起、瞬息中盡焼亡、二人骸亦為灰、又百姓新次郎家倒、其妻壓死、締方横目森善右衛門・松田半之允、吾横目岩河喜太郎・上妻小左衛門、檢察之聞于　官、
208		文政11年8月14日	1828/9/22	風				納官村・國上村・安納村・島間村・現和村・増田村・中之村・莖永村・上里村・平山村・坂井村	十四日、納官村・國上村・安納村・島間村・現和村・増田村・中之村・莖永村・上里村・平山村・坂井村、以風損減賦、有差、
209		文政12年2月21日	1829/3/25	風波烈				種子嶋	廿一日、島間浦之舟一艘、欲漕運島間倉米于府下而出舟、風波烈於屋久津破舟、由是遣物奉行渡邊源十郎及代官役一人點檢之、
210		文政12年3月5日	1829/4/8		不登			平山村	五日、令平山村之百姓仲左衛門納炭十五俵、去歳秋米穀不登、使諸有司點見之侯以有不正之儀也、
211	163	文政12年3月	1829/4/4						同日、府庫湊窮乏、由是欲節用而用倹、然倉廩斂穀漸減、命自是家老・物奉行益小心而可監察出納之事、事開于左 覚 連々蔵方難渋ニ付而者、公界向者格別、団扇之儀者可成丈致省略筋之吟味肝心之儀ニ候、島元古来より之格式茂有之筈候得共、依事而者作略之方ニ相向、併諸向之拂古来より規定通ニ而済来候哉、又者及不足候哉、此元十ケ年以来之儀聞届候処、諸拂左迄為相増向者不相見得候、島元年々之取納米前方より及減少向ニ而候故、其訳相糺候処、杤代等之差引より自然与可及減少段申出候、然共減過之様取覚候、委敷取しらへ可申出候、猶又役人・物奉行以下村掛り申付置候故、引請致取締筈ニ候、取締向細々可聞届候、 三月
212		文政12年4月28日	1829/5/30	洪水				種子嶋	廿八日、洪水、
213		文政12年5月2日	1829/6/3		虫喰			種子嶋	五月二日、一統虫喰甘藷苗、令三箇寺僧徒禱以去虫、三役各一人列席、
214		文政12年5月5·9日	1829/6/6·10	洪水				島間村・西之村	同日、島間村・西之村告水傷田、九日、又洪水、
215		文政12年5月13日	1829/6/14	洪水				中之村	同日、中之村田地為洪水破壊、由是家老・郡役檢察之而令庶民修理、嚮告西之村田亦令村民修、
216		文政12年6月9日	1829/7/4		凶歳			種子嶋	九日、以凶歳免盆前歸道、
217		文政12年	1829/2/4		凶歳			種子嶋	以凶歳使諸人執馬毛島之蘇鉄、爲食、
218		文政12年9月2日	1829/9/29		不登			種子嶋	*同日、宮浦半右衛門多年爲物奉行所筆吏勤仕、當去歳年大不登、且有大故之時、能辨費用甚勤勞、故與嘗借于府庫米錢、由北條時昭之議、*
219		文政13年4月27日	1830/6/17	大風大雨				種子嶋	廿七日、大風大雨大壊田地、
220		文政13年5月2日	1830/6/22	洪水				増田村・納官村・野間村・油久村	五月二日、増田村・納官村・野間村・油久村各告洪水大壊田地、
221		文政13年5月28日	1830/7/18	洪水				増田村	*同日、與米七石于増田村、爲洪水川決傷田、修築之人民勞苦、故及茲、*
222		文政13年6月2日	1830/7/21		蟲			種子嶋	同日、以田地蝗且有害甘藷之苗蟲、令三箇寺僧誦經禳之、
223		文政13年7月7日	1830/8/24	大風				種子嶋	同日、大風、
224		文政13年	1830/1/25		不熟			住吉村・野間村・島間村・中之村・平山村・莖永村・上里村	住吉村田地六腑[以五石為一賦]不入賦田五十四區、野間村三賦不入賦田五十四區、島間村十賦不入賦田十七區、中之村百五十八賦不入賦田五百二十六區、平山村六賦不入賦田四百二十五區、莖永村三十八賦不入賦田八十六區、上里村八賦、風災不熟減定賦、有差、
225		文政13年9月6日	1830/10/22	大雨				安城村・住吉村	九月六日、大雨傷安城村・住吉村田地、
226		文政13年9月17日	1830/11/2		凶歳			種子嶋	十七日、以凶歳免大山野租税、
227		文政13年11月8日	1830/12/22					現和村	八日、現和村足軽長山安右衛門寺入七日、坐不修馬墻令牛馬飱人之禾也、
228		天保2年2月28日	1831/4/10		不熟			種子嶋	廿八日、嚮　官勸蠶於島中而買其糸[所謂絹糸]、庶民悦其高價勵精蠶桑、偶喰苷藷之苗生虫、年益繁昌、終喰所藝之苷藷之莖、故不熟民及飢餓、擧世以爲、其虫蠶所化也、然以無其實令民強蠶、民猶不肯、故訴之不免、又強勸之、不聞、此以訴試暫息之、得三年之許、
229		天保2年	1831/2/13		不登				以年穀不登諸人採馬毛島之蘇鉄爲食、
230		天保2年4月8日	1831/5/19		虫喰			種子嶋	同日、虫喰松葉樹将枯、故令庶民驅虫、
231		天保2年5月5日	1831/6/14	大雨				平山村	同日、自昨夜至今朝大雨、平山村農夫仙七女幼稚喪父母、長於親族庄市家、今朝爲雨山崩壊家、壓梁而死、直告于　官、

表2－14 『種子島家譜』災害年表

番号	史料番号	年月日	グレゴリオ暦	災害種別				被災地	史料引用
				風水害	飢饉・虫害	地震津波	火山		
232		天保2年5月13日	1831/6/22	洪水				西之村・古田村・住吉村・安納村・現和村	十三日、西之村・古田村・住吉村・安納村・現和村・村吏奏田地爲洪水多破壊、
233		天保2年7月27・28日	1831/9/3・4	潮水溢				西之村	十三日、西之村村吏告七月廿七日・八日潮水溢田禾大損、
234		天保2年	1831/2/13						*以濵田清吉為廿人格、賞府庫困窮不能給出来金納等之用清吉在麑府與楢原彦太郎共謀借得許多之金子以助府庫也、*
235		天保3年3月18日	1832/4/18	西風				種子嶋	十八日、 官取一統民戸鶏卵、載其税卵之船於港爲西風破壊、鶏卵等悉沈没、即告于官、
236		天保3年4月28日	1832/5/28	旱				種子嶋	廿八日、以旱魃令三箇寺僧徒禱雨、 同日、與米二斗于三箇寺僧徒、是謝数日禱雨之辛労也、
237		天保3年7月18日	1832/8/13	旱				本源寺	十八日、以頃日旱魃、令僧徒會本源寺誦經乞雨、
238		天保3年7月18日	1832/8/13		旱			住吉村・坂井村	同日、住吉村・坂井村告田地旱損、
239		天保3年7月20日	1832/8/15		旱			茟永村・増田村	廿日、茟永村・増田村告田地旱損、
240		天保3年7月24日	1832/8/19		旱			上里村	廿四日、上里村告田地旱損、
241		天保3年7月26日	1832/8/21		旱			西之村	廿六日、西之村告田地旱損、
242		天保3年7月18日～8月13日	1832/8/13	無雨				本源寺・甲女川	十三日、從七月十八日於本源寺祈雨、無驗自今日於甲女川岩立祈雨、十四日得雨、
243		天保3年8月17日	1832/9/11		凶歳			種子嶋	十七日、以凶歳止馬追之式、令執唯及二歳駒、
244		天保3年8月18日	1832/9/12	潮大湧				茟永村・中之村・西之村	十八日、茟永村・中之村・西之村潮大湧傷禾、
245		天保3年9月11日	1832/10/4	大風				種子嶋	十一日、大風一島傷田園不可勝算、城内及船手等多破損、其餘倒家九十軒餘、
246		天保3年	1832/2/2	風・潮	旱			現和村・安納村・住吉村・古田村・増田村・上里村・野間村・茟永村・平山村・中之村・西之村・島間村	現和村・安納村・住吉村・古田村・増田村・上里村・野間村・茟永村・平山村・中之村・西之村・島間村、以旱損風損潮損随其損減賦、有差、
247		天保3年10月11日	1832/11/3		凶歳			種子嶋	同日、以凶歳免大山野賦税、
248		天保3年10月24日	1832/11/16	洪水				中之村	*廿四日、與米一斛于中之村庶民、以今年洪水大傷田地、修築之村民辛苦、且凶歳及茲、*
249		天保3年閏11月1日	1832/12/22		凶歳			種子嶋	閏十一月一日、以凶歳請見許一匁出銀、故 官令締方横目檢察一島之榮勞、事開于左、
250	234	天保3年	1832/2/2	大風	旱・凶作			種子嶋	種子嶋之者共一統當辰之年人別并牛馬壱匁出銀御免之願申出、栄労見分被仰付候間、毎家差入致見分、極老・幼少又者壮年之者共二而茂身賣躰二而、居宅等茂不致所持、今日之営調兼何れ成出銀難相調程之者共候哉、面付帳取仕立、家内人数内書二其訳相記可被申出候、尤出銀相調丈之者、見分之形行、細々可被申出候、此旨大目附被仰候、以上、 一當辰之年旱魃大風等之災殃凶作二而、種子嶋中竈出銀月延等、又者御免之願申出、栄労見分被仰付候間、毎家差入栄労之次第委敷被致見分、出銀可相調者又者不調訳、別冊家内帳取仕立、無滞成行細々可申出候、此段可被申越旨大目附衆被仰付候、以上、 右之通被 仰渡候間可得其意、毎家差入可致見分候間、無親疎可致吟味候、 閏十一月朔日 締方横目
251		天保4年5月14日	1833/7/1	大雨				油久村・増田村・安城村・島間村	十四日、大雨、油久村・増田村・安城村・島間村田地大壊、
252		天保4年	1833/2/20		不登・大飢			種子嶋	今歳五穀不登、諸民大飢、欲救之、府庫困窮無由買糴、且大坂出米金納不給事及艱難、松壽院殿大憂出自所蔵金二百両被助費用、
253		天保4年6月15日	1833/7/31		凶歳			種子嶋	六月十五日、免盆前掃除道路、以凶歳也、
254		天保4年	1833/2/20		蝗			増田村・平山村・安城村・西之村・中之村	増田村・平山村・安城村・西之村・中之村有蝗、田地大損、
255		天保4年	1833/2/20						*以濵田喜七為組士格代々二十人歳賜米三石、賞能察府庫困窮納金三百両也、於高後年可與之也、*
256		天保4年8月13日	1833/9/26		大饑			西之表村・住吉村	*十三日、賜米各一石于西之表村・住吉村、今歳大饑、村里盡請救米、二箇村亦雖困窮慮府庫空耗、有飢者則親戚・隣里恤救之不請救米、其志至好、故賞之也、又西之表有納米粟等助府庫者数人、今褒賞之、其言開于左、*
257	251	天保4年	1833/2/20		凶歳			西之表・住吉村	覚 當年凶歳二付御救米拂底之砌、米并其外穀物御借入被仰渡、西之表内より数人借上御力二相成、畢竟兼而心掛宜敷与相見得、殊勝之至、向後猶以御為筋を心頭二掛、萬事相勵候様、銘々江可申渡候、以上、 八月十三日 御役所 御物奉行
258		天保4年8月20日	1833/10/3	大雨洪水				西之表村・現和村・安城村・野間村・茟永村・平山村・坂井村・増田村・納官村・島間村	廿日、大雨洪水、西之表村・現和村・安城村・野間村・茟永村・平山村・坂井村・増田村・納官村・島間村傷田園不可勝算、随其損減賦税、有差、
259		天保4年10月6日	1833/11/17		凶歳			種子嶋	同日、以凶歳免大山野賦税、
260		天保4年10月13日	1833/10/24	大洪水	凶歳			住吉村	*十三日、與米三石于住吉村、毎歳不怠貢税、頻年凶歳村々雖請救米敢不請、有飢者隣里・親戚助救之、且今歳大洪水傷田地、諸村得府庫之助修築之、於住吉村者不待府庫之力修治之、故賞之也、*

表２－15 『種子島家譜』災害年表

番号	史料番号	年月日	グレゴリオ暦	災害種別				被災地	史料引用
				風水害	飢饉・虫害	地震津波	火山		
261	257	天保4年	1833/2/20	凶歳				種子嶋	一諸士武藝　御覽之節、未初而之御目見不相済御衆者、被成御出儀不調事御座候哉、御家老様御見分之節茂同様成儀御座候哉、 『本文御目見不相済候而も罷出事二候、御家老衆御見分二も同断二候』 一鹿児嶋江致居住居候而茂、郷士之儀者諸士打込二者不相調事御座候哉、 『郷士之儀御覽二者罷出候儀不相調候』 一與力之儀、是又同断、 『與力之儀御覽二者罷出候儀不相調候』 一郷士之儀者、御地頭より於其郷御見分有之事御座候哉、 『郷士之儀御地頭其郷見分有之事』 一足軽之儀、御物頭より御見分有之事候哉、 『物頭見分有之事二候』 一隠居家督被仰付候節、御家督前者格別候得共、御隠居之御方者御病氣共二而御座候ハヽ、御名代二而茂御承知相調事候哉、 『隠居被仰付候人者名代二而被仰付候』 一依願御役被成御免候節、老躰之御方長病二而御全快之期不相知、被成御出候而御承知調兼候節者、御名代二而相済候哉 『御役御免之人病氣二而難相調者、名代二而被仰付事候』 一逼塞等被仰付候仁御免之節、老躰平臥二而全快無覚束様成節者、月代御見分何様之向御座候哉、 『赦免之節當人病氣二而候ハヽ、赦免迄親類へ申渡、快氣之上届申出候様申渡置、快氣之届申出候ハヽ、又々召出見分、長病之人二候ハヽ見聞役差遣、見分為致事二候、左候而翌日親類より御礼之事』 一大目附様以上御役替之節、御用觸何様成御仕向候哉、 『御家老・若年寄者御家老御連名之御用觸、大目附ハ御家老より御差圖二而、御用人より之御用觸二而候』 一依科目御役被差免候節之御仕向、是又何様候哉、 『依御科目御役御免之節ハ、後於向々宅御役御免迄之節、於御殿御用人申渡二而候』 一御役々差扣被成御伺居候節、御勤方者不苦由、御月番御勤被成候ハヽ御名前出候儀茂有之筈御座候、無御構候哉、無役之御衆御番も不苦候哉、依軽重違候哉、 『差扣相伺候節勤方何様可仕哉、當人より伺申出、御上より、勤方遠慮二不及与被仰渡候ハヽ、御名前書出候儀不苦候、然とも遊山ヶ間敷儀者不相成由』 一寺入之儀其寺門より外二被成御出儀者、決而不相成事御座候哉、譬者市来二而候ハヽ市来中、串木野二而候ハヽ串木野中与申様、其一郷中者徘徊相調事候哉、 『寺入内住持召列、其郷内致徘徊候儀不苦与承居候、乍然徒成場所へ差越候儀者、遠慮可有之儀當然二候』 一遠嶋被仰付候節、其身計二而家内御構無之節、家内何様心得之儀二候哉、 『家督之人遠嶋被仰付候ハヽ家内都而慎二而候、部屋住二而候ハヽ妻女迄二而候』 一差扣・逼塞・寺入等之節、是又家内何様二而候哉、 『右同断』一御士衆凡下之者被成御打果候節、何分被仰渡迄慎居候様被仰渡事候哉、左候而何そ無御構段被仰渡候節、月代見分例之通二而御座候哉、 『凡下之者打果候節者披露遂候上、依子細者何分申渡迄慎罷在候様被仰渡事も有之候、夫迚も月代立候二及間敷、何も申渡無之候ハヽ慎沙汰二者及間敷候』 一御禁断之節鉄炮稽古之儀、ふしん被差留間之由承及居申候、弥其通二而御座候哉、　御正統様者勿論、其外二茂格別成御方様者違茂不仕候哉、 『ふしん被差留候日数内者、鉄炮稽古被差留候、尤諸稽古方も同断二候』 一鳴物令停止与計被仰渡候御禁断も間々有之様存申候、音曲御停止之事御座候哉、 『鳴物停止与被仰渡候節者、音曲遊山等敷儀不相成候』 一當年抔之様成凶歳之節、窮家之御士衆飢米御願之仕向并被下候員数何様二而御座候哉、 『凶歳二不限御小姓與及飢候節者、真米三斗入起弐表被成下、引續願申出候ハヽ、被下候月より七ヶ月め被成下事二候』 一出火有之候節、類家幾軒位より御披露申上事御座候哉、 『出火之儀一軒焼失二而も披露申出事二候、類火有之事候得者當人より差扣申出、御科目被仰付事敎与存候』 一御士衆市中芝居見物之儀、表向者不相調敎与相見え、御忍二而被成御越様子二候、不限市中右躰之場所者在郷迚茂同断之筈存申候、弥其通二而候哉、 『士以上、市中者勿論田舎迚茂芝居見物者不相成候、自然忍二而差越候儀者、御當地二而も間々有之哉二承申候、随分見分相嗜、不事立様可有之儀与存申候』 一御切米御頂戴之御家者、何様之訳合有之御代々御頂戴被成事候哉、 『御切米之儀者、軍功又者依勤功被仰付事二候』 一立身之御士衆武士江被引移二而茂、外名前を以被致賣事候得者、高買入不相調様先日御咄為有之敎与存申候、弥其通二而候哉、 『町家より被召出候御小姓与之儀、市中へ罷居候内者、高買入申儀者御免無之候、武士屋敷江引移候得者、高買入候儀御免被仰付事二候』

表２－16 『種子島家譜』災害年表

番号	史料番号	年月日	グレゴリオ暦	災害種別				被災地	史料引用
				風水害	飢饉・虫害	地震津波	火山		
									一御直元服之御方様、其御親父様よりも御太刀進上吠抔二而、御嫡子元服之御礼被仰上由、小番御小姓與御衆、初而之　御目見之節茂、其御親父様より御礼被仰上事御座候哉、 『御直元服之親有之人者、親よりも御礼願申出被仰付事二候、親無之人者不及其儀候』一御城内杖御免之御衆者、何様之訳二而御免有之儀御座候哉、御城内御免之上者、何方迚茂御用捨無之筈与者相見得候得共、他人者不存儀候故、他江御見廻之節其門内者御心入有之事二而も御座候哉、 『杖御免之儀、六十歳以上二而歩行不自由与申出事二候、其以下二而も病氣有之致快氣迄之間、御城内并御屋敷御寺方杖御免与申出事二候、御免之上者御上より向々江御當り有之候間、自然他屋敷等二参り候節も不苦筈与存申候』
262	259	天保4年12月	1834/1/10		凶			種子嶋	一重出銀之儀當年迄筈合候二付、来年より者御用捨被仰付筈候得共、近年格別之御吉凶有之、臨時之御入價致増長、御産物『米十斤』右江被振向候故を以、御改革之詮今以屹余難行届、就中三都之御旧借御返金等之儀茂御取補不被帰置候而者、再重御難題御到来者顕然之儀二而、誠二不容易之儀候間、當時一統困窮之折柄、御氣之毒被　思召上候得共、又々御當地諸郷共二来午之年より引續三ヶ年重出米是迄之通可相心得候、 但諸郷重出米之内五合丈後居、来午之年迄上納之筋申付置候条、右之分者是迄之通追送二而、来酉之年迄上納申付候、 右之通表方江致通達、奥掛御勝手方江茂可致通達候、 但馬(島津久風) 十二月 治部(諏訪武教)　丹波(島津久長)
263		天保5年3月10日	1834/4/18	洪水				現和村・住吉村	十日夜、洪水、現和村・住吉村傷田地、
264		天保5年4月23日	1834/5/31		虫			種子嶋	廿三日、以大山野有虫、使僧徒會于本源寺誦經禳之、
265		天保5年5月21日	1834/6/27	大雨				古田村・安城村	廿一日、大雨傷古田村・安城村田地、
266		天保5年6月8日	1834/7/14		凶歳			種子嶋	八日、以凶歳免盆前百姓掃除道路、
267	267	天保5年	1834/2/9		凶作			種子嶋	先年原田氏江被渡置候八百石高、種子嶋之者上下無搆受返候儀、御吟味之趣有之、代錢壱斛所二付拾五貫五百文替二漸被聞済、右高弐石所受返差上候人江者、種子嶋御高之内壱石所被成下、可然吟味之趣御掛合申達候處、現地面御渡方二相成候而者、百姓仕ふり二付難波黙止訳合有之、於其御元御吟味之趣弐斛所差上候人江者、其御元二而高壱石之所務六斗題ニシテ出米引、御渡方之筋可然与之御吟味御尤千萬二御坐候、右高之儀も速二御受返不相成付、池田十次郎殿相頼、皆同受返二相成候、弐石三石宛二而も代錢入付候節、高御渡被成度申込置候、去々年以来打續之凶作二而、高受返之讓も面々不及力筈、當年共より者年柄も直り立候付、受返度心入之人も可有之、先右之趣一統御觸流を以被仰渡置二而も有御坐間敷哉、右高種子嶋中より受返申二付而者過分之御為筋二相成、御案内之通弥受返差上候節者、借目錄外二儘成御證書被仰付筋無之候而者、諸人之心入茂染付申間敷、一日も早々右之御高御手二入候儀、折々御吟味も有之事御坐候二付、又々御掛合申達候、以上、 但 此元受返度願代錢入付候者江者、高受返し為致御吟味之通、御嶋元二而御渡方二相成筋取計申候而可然哉、何分御掛合有之度存申候、 八月十八日 鹿児島　御役所 種子嶋　御役所
268		天保5年10月1日	1834/11/1		凶歳			種子嶋	十月一日、以凶歳免大山野賦税、
269		天保5年11月14日	1834/12/14						*十一月十四日、以島間村足軽柳田甚之進為一世郷士、二為島間村庄屋、一村之教令能整、近年司甘蔗蕃殖、致力勤仕、今歳雖辞其職、村吏輩皆年弱而無可代之者、故学之以命三四年益守其職、令村民蕃殖甘蔗、*
270		天保5年11月13日	1834/12/13		凶歳			西之村	十三日、西之村村吏告立石塩戸長太郎男子患瘡似痘、使醫中田圓泰、柳田喜碩察視之、報日、痘也、時村吏請日、今年凶歳無養患痘者米、願以官之力止流行、令日、何能為止之、勿只使未患痘者出入其家、且患痘者則能保護必勿忽之也、
271		天保5年12月11日	1835/1/9		虫喰			種子嶋	*十一日、家老上疎、請止養製絹蠶、比年有喰甘藷之葉虫、傳稱蠶化為害、下民大憂悶、故及茲、*
272		天保6年5月14日	1835/6/9	大風				本源寺・古田村・國上村・安城村	十四日、大風、本源寺境内墓所松倒、古田村・國上村・安城村多損禾、國上村湊塩戸善次郎者刈秣歸路松倒所壓死、締方横目平瀬八郎右衛門・江田清右衛門、吾横目種子島友右衛門・種子島五郎衛門檢見之、事聞于　官、
273		天保6年7月4日	1835/7/29		旱			種子嶋	四日、以旱魃令三箇寺僧徒禱雨、至廿一日得雨、
274		天保6年閏7月5日	1835/8/28	大風				種子嶋	五日、従昏至暁大風、
275		天保6年閏7月16日	1835/9/8		凶歳			種子嶋	十六日、以凶歳止馬追式、唯執及二歳駒、
276		天保6年閏7月20・21日	1835/9/12・13	大風				種子嶋	廿日・廿一日、大風、
277		天保6年7月27日	1835/8/21	大風・潮水	旱			莖永村・上里村・下西之表・上中之村・下中之村・平山村・住吉村・増田村	廿七日、莖永村田地百七十九賦[以五石為一賦]、不入賦田八百十區、上里村八賦、不入賦田五十一區、下西之表四十六區、上中之村四十五賦、不入賦田四百九十八區、下中之村百十四賦、不入賦田二百七十一區、平山村百二十六賦、不入賦田五百七十五區、住吉村二賦、納官村二賦、増田村三十七賦、有大風旱魃潮水等殃減賦税有差、
278		天保6年	1835/1/29		凶歳			種子嶋	廿日、以凶歳免大山野賦税・諸村未進米、
279		天保6年11月3日	1835/12/22	大風・潮水				西之村	十一月三日、叱西之村横目濵田萬之進・日高藤右衛門・名越半助・羽生十左衛門、庄屋日高平次、作見舞名越宗四郎・犀川甚作・濵田藤太郎・河東休次郎、嚮大風潮水大湧、塞川追日損塘、彼輩黯然不知決之、諸有司檢見中之村田地修築之場之日、聞此事、偶到彼地即集一村之役夫、不日得決之、村吏等怠惰之罪太重、今宥恕及茲、
280		天保6年12月6日	1836/1/23	風浪烈				覊府	六日、東市街之宇多津傳次郎禁旅行一箇年、嚮渠舟載倉米赴于覊府邸、洋中風浪烈瀾入舟、着于山川港而賣其所濕米五石、坐不告其状於府邸而密賣之也、

表２－17 『種子島家譜』災害年表

番号	史料番号	年月日	グレゴリオ暦	災害種別				被災地	史料引用
				風水害	飢饉・虫害	地震津波	火山		
281		天保7年7月7日	1836/8/18	西風・雨				種子嶋	同日、西風大吹、雨又甚、一島五穀大損、
282		天保7年8月16日	1836/9/26		不登			國上村・納官村・安城村	十六日、以年穀不登減國上村・納官村・安城村賦税、各有差、
283		天保7年10月22日	1836/11/30		不登			住吉村	廿二日、叱住吉村村吏、當年以五穀不登億一統及飢餓、嚮命一統衆庶當年可省無益之費用、今住吉村之郷士能野平次郎営造居宅村吏不禦之、以蔑其法也、
		天保7年11月29日	1837/1/5		不登			種子嶋	同日、國老島津但馬久風命云、今秋五穀不登、領國衆民将及飢餓、宜薄飲食用節檢、若有賣米者一升價可限百錢、事開于左、
284	297	天保7年11月29日	1837/1/5		不熟			種子嶋	當秋田畑作毛及不熟、御領國中一統米價高『米＋斤』二相成、勿論諸國一圓違作之依響、新売時節之無差別、追々高『米＋斤』二相成、右江準諸郷迚も一躰同様之勢相聞得、是より来初秋迄何程高『米＋斤』可及も何計、賣米貯置候者共有之候ハヽ、不依貴賤臨時分外利得茂可有之事候得共、御當地諸郷困窮之諸民飢渇之基候条、向後御當地諸郷共賣米持囲居候向者、占賣又者高利不貪、納米壱升二付百文を限、壱斛之前二而者右江準手廣順路二賣渡、諸郷用弁相達候様、乍此上令違背、高價之時節計竊二囲置一統之不融通不弁者者、不依貴賤夫々屹与可及沙汰、於其儀者軽キ日用之取續尚又令看略、朝夕之食事粥雑類二而不及飢躰様、兼而其嗜可有之候、右二付而者御當地者勿論、諸郷端々迄も見聞役掛賣米貯置候々、又者不守之者時々見聞之成形無用捨申出候様申付置候条、聊心得違有之間敷候、此旨支配中江申渡、奥掛・表方江茂相達、諸郷・私領江も可申渡候、 十一月　但馬(島津久風)
285		天保7年12月8日	1837/1/14		不登			住吉村	令住吉村之能野兵次郎寺入于妙泉寺一七日、以五穀不登禁一統諸民當年中造居宅、今坐冒其法也、
286	298	天保7年12月	1837/1/7		吉凶			種子嶋	重出米之儀、當年迄年限筈合付御用捨被仰付筈候得共、近年御吉凶等差屯、臨時之御入價致増長、御産物『米＋斤』も過半右江振向置候付、今以御改革屹与難被行届、就中三都之内旧借莫大之儀二付、何れ共御返金存分難及手二、其上人別壱匁出銀等被成御免、殊二今般御上納金被為蒙仰、都而御借入二而御上納有之、跡補筋者御手元計被仰付候付、重出米迄も被差免候而者三都御不通融之基付、誠不容易之儀二而、當時諸人一統困窮之折柄、至極御氣之毒被　思召上候得共、来酉年より又々御當地諸郷共引續三ヶ年重出米是迄之通被　仰付候条、上納方付而者當分之通可相心得候、 但諸郷重出米之内五合丈後居、来酉年迄上納申付置候、右之分者是迄之通追送二而、来子年迄上納申付候、 右之通表方江致通達、奥掛御勝手方江茂可相達候、 但馬(島津久風) 十二月 伊勢(島津久浮)　安房(菱刈隆観)
287		天保8年	1837/2/5		痘			種子嶋	松壽院殿賜鶴膏于患痘者令治難痘、諸人拜恩恵之辱、
288	308	天保8年	1837/2/5	風	旱			種子嶋	覚 一田畑勧農取扱之儀者専経済基本之事候處、種子島之儀全躰手廣之土地、依村人別多小者有之候得者、舊来人農業緩疎之習俗自然与押移、尤風旱災殃二随作毛損失者天災別段訳茂相替候得共、畢竟田地方掛郡奉行を始下役等二至り、農事引進候儀等閑之筋二茂相響、勿論年貢取納方又者農民飢渇之取凌、兼而勧農一事二相抱候儀故既往者被捨置、向後郡奉行分而令精勤、耕作之道無懈怠為相拔候様、且又外産物迚茂右二準役々手厚可致指揮、右者當時御名跡中 中将様御在國中御内々被聞召上、殊二御由縁柄難被為黙止御訳合茂被為在、尤　松壽院様於御趣意茂御同様二而役々勧方依精粗御改革之差別二茂相及事候条、右之趣役人始一統難有奉汲受、就中都奉行之儀勧農方一涯相勵、萬端　御趣意相貫キ、追々御家督御備之節二至り、御所帯向治定相成候様可有之候、右二付而者今般態々御内用頼家村清兵衛江被仰含越、知覧才兵衛差添被下候付、猶前書之趣同人より可申聞候間、奉得其意、役々御受之儀者右清兵衛江相付可申上事、 三月
289	309	天保8年	1837/2/5	風難・水損				種子嶋	追々御家督様可被遊御入輿、右二付種子島之儀学文武藝其外何様可有之哉与被　思召上候得共、銘々心掛有之由、　中将様御在國之砌被　聞召上候段難有奉存候、猶又諸稽古方折角可致出精候、勧農方之儀者郡役其外掛役々毎々申渡事候得共、風難水損等到来之事二而、是等者手廣之事故應村人躰銘々田畑細密致手入致出精候ハヽ、何様之凶年迚茂取締方可調之處、左茂無之、畢竟頭役之引進不守之處より自然与御蔵方及衰微、御備之御子様自奉掛御不如意儀、御譜代之詮立兼残念至極、是より者一統相勵勧農心掛、質素成風俗成立候様可掛心頭儀、此節御用頼并御役人被差下田舎江者被仰渡候間、御趣意能々奉汲受、下人下女江茂申含、作式無油断様可申付旨、三組江不洩様可申渡候、以上、 五月七日 御役所 御用人
290		天保8年7月23日	1837/8/23	難風				國上村	廿三日、宇多津傳次郎及池田浦之周左衛門・甚吉下獄、以去歳運漕米于麑府宇多津傳次郎船遭難風漂流于國上村之事有不正之説、捕傳次郎及周左衛門・甚吉而拷問之、竟吐露其實日、逗留于山川之日、傳次郎・周左衛門為博奕不勝、嚢中銭殆盡、故竊鬻所載倉米少計、以其價再博奕、又不勝、銭又盡、於是舟中竊相議賣米六十石餘於指宿十二町村農夫長蔵及其[失字]、而資七十八金餘分與十金二歩于周左衛門、十金于甚吉、初及鬻米為博奕、甚吉謂兩人云、冒大禁則受嚴刑、宜輟之、傳次郎曰、今三人者如骨肉、宜為一致、及配分米價又甚吉謂傳次郎云、為是小金奚可捨一命乎、不受、二人頻強而受之、嚮称難船者、擇西風烈之日以發山川港、偽為難船者也、故直下三人于獄、開白状之趣于　官、
291		天保8年8月10日	1837/9/9	無順風				島間浦	*同日、與米一石于島間浦野町人清六、令彼船送家村氏、無順風故数月留滞、清六不挟于意能奉命、故賞之也、*

表2－18 『種子島家譜』災害年表

番号	史料番号	年月日	グレゴリオ暦	災害種別 風水害	飢饉・虫害	地震津波	火山	被災地	史料引用
281		天保7年7月7日	1836/8/18	西風・雨				種子嶋	同日、西風大吹、雨又甚、一島五穀大損、
282		天保7年8月16日	1836/9/26		不登			國上村・納官村・安城村	十六日、以年穀不登減國上村・納官村・安城村賦税、各有差、
283		天保7年10月22日	1836/11/30		不登			住吉村	廿二日、叱住吉村村吏、當年以五穀不登億一統及飢餓、嚮命一統衆庶當年可省無益之費用、今住吉村之郷士能野平次郎営造居宅村吏不轄之、以蔑其法也、
		天保7年11月29日	1837/1/5		不登			種子嶋	同日、國老島津但馬久風命云、今秋五穀不登、領國衆民将及飢餓、宜薄飲食用節検、若有賣米者一升價可限百錢、事開于左、
284	297	天保7年11月29日	1837/1/5		不熟			種子嶋	當秋田畑作毛及不熟、御領國中一統米價高『米＋斤』二相成、勿論諸國一圓違作之依響、新売時節之無差別、追々高『米＋斤』二相成、右江準諸郷迚も一躰同様之勢相聞得、是より来初秋迄何程高『米＋斤』可及も何計、賣米貯置候者共有之候ハヽ、不依貴賤臨時分外利得茂可有之事候得共、御當地諸郷困窮之諸民飢渇之基候条、向後御當地諸郷共賣米持囲居候向者、占賣又者高利不貪、納米壱升二付百文を限、壱斛之前二而者右江準手廣順路二賣渡、諸郷用弁相達候様、乍此上令違背、高價之時節計竊二囲置一統之不融通不弁者者、不依貴賤夫々屹与可及沙汰、於其儀者輕キ日用之取續尚又令看略、朝夕之食事粥雑類二而不及飢躰様、兼而其嗜可有之候、右二付而者御當地者勿論、諸郷端々迄も見聞役掛賣米貯置候々、又者不守之者時々見聞之成形無用捨申出候様申付置候条、聊心得違有之間敷候、此旨支配中江申渡、奥掛・表方江茂相達、諸郷・私領江も可申渡候、 十一月　但馬(島津久風)
285		天保7年12月8日	1837/1/14		不登			住吉村	令住吉村之能野兵次郎寺入于妙泉寺一七日、以五穀不登禁一統諸民當年中造居宅、今坐冒其法也、
286	298	天保7年12月	1837/1/7		吉凶			種子嶋	重出米之儀、當年迄年限筈合付御用捨被仰付筈候得共、近年御吉凶等差屯、臨時之御入價致增長、御産物『米＋斤』も過半右江振向置候付、今以御改革屹与難被行届、就中三都之内旧借莫大之儀二付、何れ共御返金存分難及手二、其上人別壱匁出銀等被成御免、殊二今般御上納金被為蒙仰、都而御借入二而御上納有之、跡補筋者御手元計被仰付候付、重出米迄も被差免候而者三都御不通融之基付、誠不容易之儀二而、當時諸人一統困窮之折柄、至極御氣之毒被　思召上候得共、来酉年より又々御當地諸郷共引續三ヶ年重出米是迄之通被　仰付候条、上納方付而者當分之通可相心得候、 但諸郷重出米之内五合丈後居、来酉年迄上納申付置候、右之分者是迄之通追送二而、来子年迄上納申付候、 右之通表方江致通達、奥掛御勝手方江茂可相達候、 但馬(島津久風) 十二月 伊勢(島津久浮)　安房(菱刈隆観)
287		天保8年	1837/2/5		痘			種子嶋	松壽院殿賜鶴膏于患痘者令治難痘、諸人拜恩恵之辱、
288	308	天保8年	1837/2/5	風	旱			種子嶋	覚 一田畑勧農取扱之儀者専経済基本之事候處、種子島之儀全躰手廣之土地、依村人別多小者有之候得者、舊来人農業緩疎之習俗自然与押移、尤風旱災殃二随作毛損失者天災別段訳茂相替候得共、畢竟田地方掛郡奉行を始下役等二至り、農事引進候儀等閑之筋二茂相響、勿論年貢取納方又者農民飢渇之取凌、兼而勧農一事二相抱候儀故既往者被捨置、向後郡奉行分而令精勤、耕作之道無懈怠為相披候様、且又外産物迚茂右二準役々手厚可致指揮、右者當時御名跡中 中将様御在國中御内々被聞召上、殊二御由縁柄難被為黙止御訳合茂被為在、尤　松壽院様於御趣意茂御同様二而役々勧方依精粗御改革之差別二茂相及事候条、右之趣役人始一統難有奉汲受、就中都奉行之儀勧農方一涯相勵、萬端　御趣意相貫キ、追々御家督御備之節二至り、御所帯向治定相成候様可有之候、右二付而者今般態々御内用頼家村清兵衛江被仰含越、知覧才兵衛差添被下候付、猶前書之趣同人より可申聞候間、奉得其意、役々御受之儀者右清兵衛江相付可申上事、 三月
289	309	天保8年	1837/2/5	風難・水損				種子嶋	追々御家督様可被遊御入輿、右二付種子島之儀学文武藝其外何様可有之哉与被　思召上候得共、銘々心掛有之由、　中将様御在國之砌被　聞召上候段難有奉存候、猶又諸稽古方折角可致出精候、勧農方之儀者郡役其外掛役々毎々申渡事候得共、風難水損等到来之事二而、是等者手廣之事故應村人躰銘々田畑細密致手入致出精候ハヽ、何様之凶年迚茂取締方可調之處、左茂無之、畢竟頭役之引進不守之處より自然与御蔵方及衰微、御備之御子様自奉掛御不如意儀、御譜代之詮立兼残念至極、是より者一統相勵勧農心掛、質素成風俗成立候様可掛心頭儀、此節御用頼并御役人被差下田舎江者被仰渡候間、御趣意能々奉汲受、下人下女江茂申含、作式無油断様可申付旨、三組江不洩様可申渡候、以上、 五月七日 御役所 御用人
290		天保8年7月23日	1837/8/23	難風				國上村	廿三日、宇多津傳次郎及池田浦之周左衛門・甚吉下獄、以去歳運漕米于麑府宇多津傳次郎船遭難風漂流于國上村之事有不正之説、捕傳次郎及周左衛門・甚吉而拷問之、竟吐露其實曰、逗留于山川之日、傳次郎・周左衛門為博奕不勝、嚢中錢殆盡、故竊鬻所載倉米少計、以其價再博奕、又不勝、錢又盡、於是舟中竊相議賣米六十石餘於指宿十二町村農夫長蔵及其[失字]、而資七十八金餘分與十金二歩于周左衛門、十金于甚吉、初及鬻米為博奕、甚吉謂兩人云、冒大禁則受嚴刑、宜輟之、傳次郎曰、今三人者如骨肉、宜為一致、及配分米價又甚吉謂傳次郎云、為是小金奚可捨一命乎、不受、二人頻強而受之、嚮称難船者、擇西風烈之日以發山川港、偽為難船者也、故直下三人于獄、開白状之趣于　官、
291		天保8年8月10日	1837/9/9	無順風				島間浦	*同日、與米一石于島間浦野町人清六、令彼船送家村氏、無順風故数月留滞、清六不挟于意能奉命、故賞之也、*

表２－19 『種子島家譜』災害年表

番号	史料番号	年月日	グレゴリオ暦	災害種別				被災地	史料引用
				風水害	飢饉・虫害	地震津波	火山		
300	333	天保9年	1838/1/26		凶年			種子嶋	(三三三の1) 一銀壱匁　牛馬壱疋分 一銀八匁　八反帆より廿三反帆迄壱匁分 一銀五匁　五枚帆より七反帆迄壱匁分 一銀弐匁　四枚帆以下橋船川平太迄 右者、今般西之丸御普請二付、無御據御訳合二而、依御願御上納金被為蒙仰候付而者、無御據末々迄一統人別壱匁出銀等被仰付候段者、先達而申渡通二候、依之牛馬船出銀之儀も右ヶ條書之通被仰付候間、年限中十月限金蔵致上納、七嶋・硫黄(島脱カ)・竹嶋・黒嶋・屋久嶋・種子嶋并道之嶋之儀者、去々年より凶作等二而末々迄一統及困窮居候段被聞召上二付、別段之思召を以當年より来年迄者用捨二而、来々子年より辰之年迄五ヶ年出銀被仰付候条、此旨向々江申渡、諸郷・私領江者不洩様可申渡候、 但馬(島津久風) 八月　伊勢(島津久浮) (三三三の2) 右之通各被得其意、此書付刻付を以致廻達、留より伊勢方江返納可有之候、以上、 八月　申之刻 大身分觸役所
301		天保9年9月1日	1838/10/18		不登			種子嶋	九月朔日、以穀不登許大山野之税、
302		天保9年9月7日	1838/10/24	風	蝗・不登			種子嶋	七日、以風蝗屢害田稗不登、減諸村田地之賦、各有差、
303		天保10年8月15日	1839/9/10		不登			平山村・上中之村・西之村・莖永村・上里村・増田村	同日、以平山村・上中之村・西之村・莖永村・上里村・増田村年不登、議減賦税、有差、
304	340	天保10年	1839/2/14		凶作			種子嶋	(三四〇の1) 口上覺 名跡所帯方難渋之上、段々吉凶入價之儀相續、尚又及手迫居候處、先年より之借財者勿論、私領近年無類之凶作、依願出御當地調達金を以、救米過分買入差下候取救之儀御座候付、右様之返弁も不相調、且持高出米之儀者、前々より私領遠海端島之御取訳を以、大坂御蔵江代銀上納被仰付、難有前後差繰致来候處、大坂表御拂米御直迫相進ミ、御當地相場二而者引合兼、殊二種子嶋米之儀者米柄相劣、夫丈直成下落仕候付、猶以餘勢迚茂不相見得、是又脇方借入等二付差足置而、何れ今形二而者是迄之借財差屯難渋難黙止与存候二付、外二取補二罷成程茂島元産物迚茂無御座候付、蔗作仕砂糖御免被仰付被下度、文政十一年亥九月奉願趣御座候處、難有御免被仰付、精々蔗作為仕候付、近年中二者出来高相増、持高出米上納方勿論、蔵方取補可相成哉与存候折柄、天保六年未年諸所新製砂糖御定数斤被仰渡候節、種子島之儀者拾五万斤を限被仰渡、難有奉承知候、左候得者前条申上通、無據訳合及借財居候金返済、又者大坂上納金依年柄而者速々困窮罷成、殊更當時名跡中之儀二而、松壽院殿氣之毒被存候様成立候半茂難計儀与、別而心痛仕候間、誠二御時節柄恐多奉存候得共、右御定斤高之餘勢二而者、何れ往年蔵方取補之道茂届不申候間、何卒御憐愍被召加、今五万斤被相重、都合弐拾万斤、是迄之御仕向通を以製法方御免被仰付被下度奉願上候、於其儀者現田畑相除、山野等江植付候様可仕候間、此等之趣被仰上被下度奉頼上候、以上、 知覧才兵衛(行寛) 亥　十月 (三四〇の2) 此表不容易之儀候得共、願之通重製法方申付候条、是迄之通無手抜取計候様申付候、 御勝手方掛　平川市左衛門
305		天保11年7月17日	1840/8/14	大風				國上村・増田村・坂井村・莖永村・西之村	十七日、大風、國上村・増田村・坂井村・莖永村・西之村、損田地、
306		天保11年8月晦日	1840/8/27	大風	不登			古田村・島間村・坂井村・納官村・野間村	晦日、今年大風、以田地不登古田村・島間村・坂井村・納官村・野間村減賦、有差、
307		天保11年10月7日	1840/10/31		不登			種子嶋	七日、赦山野之税、以年不登也、
308		天保12年3月27日	1841/5/17	大風				日州日知屋村	同日、住吉丸運送砂糖于大坂、於日州日知屋村濱脇遇大風破船、載貨盡没、
309		天保12年5月10日	1841/6/28		虫食			種子嶋	十日、以虫食甘藷之葉庶人患之、使山伏禳之分與其札、
310		天保12年5月11日	1841/6/29	洪水				下之郡	十一日、洪水、下之郡破田地、
311		天保12年5月17日	1841/7/5	大風				種子嶋	十七日、大風、
312		天保12年8月23日	1841/10/7	風損				住吉村・莖永村・上里村	廿三日、住吉村・莖永村・上里村以風損減賦、有差、
313		天保13年8月25日	1841/10/9		蝗・不登			現和村・中西之表村・莖永村・下中之村・平山村・住吉村	廿五日、今秋有蝗、田地不登、現和村・中西之表村・莖永村・下中之村・平山村・住吉村各減賦、有差、
314		天保13年9月10日	1842/10/13		不登			西之村・納官村	十日、西之村庄官濵田万之進、横目羽生十左衛門・日高曽十郎・鮫島藤市・名越宗四郎・羽生五郎右衛門、納官村村吏古市次郎・春田喜十次・日高源太郎・春田甚右衛門・春田甚蔵・梶原元兵衛各寺入二七日、以年不登請檢地、随例豫令題賦而試之失實大減、故及茲、

表２－20 『種子島家譜』災害年表

番号	史料番号	年月日	グレゴリオ暦	災害種別				被災地	史料引用
				風水害	飢饉・虫害	地震津波	火山		
315		天保14年	1843/1/30		凶歳			種子嶋	當家物毎麁略無之筈候得共、是迄多年名跡之事候得者、寄向等閑二成行候事茂可有之哉、第一家格向者勿論、對世上候儀自然不束之取しらへ等有之候而者、相續涯外聞旁如何之事候間、向々一涯令精勤、不都合之儀無之様可相心得候、且又御奉公人等江者慇懃致應對、作法悪敷儀共無之様相嗜、学文武藝等致出精、惣躰風俗不乱、夫々身分之程を存、無益之費等不致、質素を可心掛、惣而農業無油断可致沙汰候、 右之通、役々始惣家中末々迄茂可申渡候、 此節隠居家作思通より手廣結構出来致仕合存候、誠二此已前より表方御物入打續、殊更去ル子年之凶歳二付而者、役人を始諸役々一方ならぬ骨折致、役料を茂夫々差上候而精勤いたし候折柄、此節報七郎殿御入輿二付而者、双方之家作旁莫大之物入之上なから、いつれ大奥栖居所報七郎殿江ゆつり候二付而者、別段隠居家作不致候而者不叶時宜二而、無據及手當候処、誠二手廣出来致候事、蔵方難渋之折柄重畳之物入甚氣之毒二存候、然共右通萬端都合能致出来候事、全く役々之はたらき骨折精勤故と、彼是おもひ合、いか計か忝存候、表向隠宅引移り者追而申出候事候得共、此節家作成就相成候間、當分滞在二引越、日々本宅江茂参り致世話候事二候、尤表向引越之上申候筈なから、餘り役々骨折之志忝さ、此節先あらまし書付を以申候間、物奉行以下江茂宜敷申傳候様頼存候、 三月　松壽院 役人中江
316		天保14年5月18日	1843/6/15	洪水				増田村	十八日、増田村洪水、大損田地、
317		天保15年10月9日	1844/11/18	雷・雹				種子嶋	同日、雷震雹、
318		天保15年12月4日	1845/1/11		五穀不熟			種子嶋	十二月四日、　太守公嘗見請納金十五萬兩、以助　江城造営見許之、今又有　命日、近年諸國五穀不熟下民困窮、且從　西之丸造営以来及貢金數回、故減十五萬兩毎万石當納五百兩也、事開于左、
319	400	天保15年12月4日	1845/1/11		作柄不宜			種子嶋	御本丸御普請二付、先達而願之通上納金被仰付候得共、近年諸國作柄不宜、西之丸炎上之節御手傳被仰付、其外御普請御修甫等二而御手傳御用数度、且公役繁々被仰付候折柄之儀二付、格別之思召を以願済之通二者不及上納、一万石二付五百両之割合を以上納被　仰付候、尤今般願之通上納金被仰付候面々も同様之思召二付、願高之通二者上納不及、一万石二付五百両之割合を以上納被仰付候、右之通被仰出候而者、銘々文道武備之心掛手當共、是迄より一涯厚く引立候様との　御沙汰二而、納方之儀者何茂三ヶ年二割合上納候様可被致候、尤最前願済之節年限之儀相違候向も可為同前候、 右之通万石以上上納金願済之面々、并其外江も不洩様可被達候 、 十一月 右之通被得其意、此書付石見方江返納可有之候、 十二月四日　大身分觸役所 種子嶋弾正殿(久珍)
320		弘化2年4月22日	1845/5/27	風浪				大島種子島間	*廿二日、　官賜青錢百疋于島間浦之水手孝助、賞大島之飛船於種子島會風浪之難、孝助独游泳乗彼舟能保護也、*
321		弘化2年12月22日	1846/1/19	風				小牧坂	廿二日、遠藤清五郎寺入于妙昌寺二七日、坐小牧坂之上有樹為風倒、然鋸断之、且殘害圃中之櫨樹也、
322		弘化3年5月2日	1846/5/26	風不順・風浪				種子嶋	*同日、褒詞濵田清七、嘗交代船永徳丸開港之日、以風不順留碇于兒水、風浪甚悪事及危急、清七在山川港察之、夜中卒善水練者洲之崎浦之仙次郎・熊野浦之六十郎・鬣泊浦之善次郎・濱津脇浦之仁吉來、令是輩游到本船、能保護到山川港、且與(ママ)四人銀各一兩、*
323		弘化3年7月17日	1846/9/7	大風				種子嶋	十七日、大風、城内及城外破損、島中倒家甚多、
324		弘化3年7月19日	1846/9/9	大風				種子嶋	十九日夜、屋久島鰹舟一艘漂到于莖永村、唐物方締横目玉利喜左衛門、締方横目羽田孫助・坂元吉左衛門、吾横目種子島友之助・西村休八赴彼地問其故、曰、舟中二十四人、十七日釣于洋中忽遇大風、故放流絶飲食、死者十人、存者十四人、幸而漂到于此地、而不能起數人、即與衣服、病者使醫與藥餌、舟破不可乗、別促小舟将送之時、自屋久島尋之小舟到、即乗之歸、事聞于　官、
325		弘化3年8月4日	1846/9/24	大風				種子嶋	*四日、賜眞米四斗于松下榮太郎、洲之崎浦之喜助、池田浦之周吉・太郎吉、去十七日夜、大風起在港内日典丸甚危、彼輩犯逆浪保護船、故賞之也、*
326		弘化3年8月5日	1846/9/25	風				住吉村	五日、住吉村因風損番入十一賦、除地四十七竿、減賦有差、
327		弘化3年9月17日	1846/11/5		凶歳			種子嶋	十七日、以凶歳免大山野税四歩三、
328		弘化3年9月20日	1846/11/8		凶歳			種子嶋	廿日、以凶歳止馬追、使馬役美座善兵衛・日高勘太郎取二歳駒、
329		弘化4年6月24日	1847/8/4	大風				種子嶋	二十四日、大風、傷稼倒屋[米穀千二百四十三斛餘砂糖三万斤頽屋百八軒]、
330		弘化4年10月24日	1847/12/1	雨・雹				種子嶋	廿四日、雨雹、
331	422	弘化4年 嘉永元年	1848/4/1		凶年			種子嶋	種子嶋役々之儀、是迄勤方不心掛二而、何篇互二押譲り、始終緩怠而已相構候習俗故、長々御家跡中迚も全所帯方不立直、却而追々過分之借財相屯、近年別而御蔵方御差迫り相成候付、今般御内沙汰被為　在、改革御手を被付候二付而者、田畠手入等第一之事候處、未右等之儀瑣細二手相付兼候向相見得、如何之到候条、屹与當仕付より田地手入搆行届様、專百姓共江致教諭、只管耕作差はまり、凶年之心得を以飢渇相凌候様無之而者、當分之御蔵方二而者御取救難被調候付、銘々其心得有之候様可致旨、夫々掛役より申付候様、勿論役々儀者追々被仰渡御趣意厚汲受、此後緩怠之習俗相改、一統勵相致精勤、近年中御所帯方御立直相成候様可被取計旨、猶又拙者より各江相達置候様、笑左衛門殿より分而致承知候、
332		嘉永元年8月29日	1848/9/26		不登			下中之村・納官村・上里村	二十九日、下中之村・納官村・上里村以年不登減租、有差、
333		嘉永2年7月11・12日	1849/8/28・29	大風				國上村・西之表村・平山村・納官村	十一日、自昨九日至今日大風、國上村・西之表村里正至邸候安否、且奏禾稼損失、十二日、西之村・平山村・納官村里正亦至奏禾稼損失、

表２－21 『種子島家譜』災害年表

番号	史料番号	年月日	グレゴリオ暦	災害種別				被災地	史料引用
				風水害	飢饉・虫害	地震津波	火山		
334		嘉永2年7月19日	1849/9/5	大風				種子嶋	十九日、命高奉行及地方檢者檢禾稼傷于大風者、
335		嘉永2年8月1日	1849/9/17	風雷				野間村	同夜、野間村隅田八百次・矢次郎・兵市點松火過野、風雷大至、八百次震死、矢次郎微傷、締方横目田中十郎右衛門・阿多源左衛門、我横目西村城助時知・種子島友之助政教往檢之、田中・阿多請我家老亦来蒞、於是上妻才次郎宗敏亦往預事、聞于　官、
336		嘉永2年8月12日	1849/9/28		不實			種子嶋	十二日、今歳秋不實、使諸有司巡檢村邑減租、有差、
337		嘉永2年9月28日	1849/11/12	大風				種子嶋	二十八日、大風、
338	440	嘉永2年	1849/1/24	風難				種子嶋	御内意之覚 種子嶋弾正殿蔵方之儀、先年来吉凶相続連々難渋成立、其上領地遠海上之事故、風難災殃有之、年々定題上納茂不相調、蔵米引入二相成候儀而已御座候、尤出米上納之儀者生蠟・砂糖差登、右代銀を以大坂納被仰付置、於大坂茂銀主相頼無滞上納方者仕来候得共、近年砂糖・生蠟共出来高相減、過分二引入相成、銀主方之借銀既二三百貫目二相及、於御當地茂連々大分之借銀差屯、極難渋罷成候處、其段被　聞召上、　御内沙汰之趣趣被為在、御役々被召掛所帯方可致改革旨被仰渡、重畳難有次第二而、當分改革向之儀精々手を附罷在候儀御座候、然る處御當地借銀之儀者、都而一往相断候得共、大坂表他所向二相掛左様之相談も相調不申、年々過分之利足二被追申儀御座候付、段々尽吟味候得共、近年中元済之趣法毛頭無御座、殊更當年者嶋許無類之凶歳二而、穀物者勿論、唐芋類も取実無之、砂糖・生蠟も風損等二而同断高引入相成、出米金納之儀も甚差繰難渋之賦二而、弾正殿二も被承届甚被及心痛、役々二至候而茂前後行迫、當惑罷居申次第御座候、就而者當時柄自由之御願筋御座候得共、此涯於大坂表御銀三百貫目拝借被仰付置、返上納方之儀者御免被仰付、砂糖三拾万斤を以三ヶ年符上納被仰付被下度奉願上候、尤當年之儀前文之通年柄故、決而三拾万斤丈者出来仕間敷候得共、二百貫目二相成可申、左候得者来年者三拾万斤出来仕候ハヽ、同様八分位見賦候而も二百貫目二相及可申候間、三ヶ年符二被仰付被下候得者、其内皆上納可罷成哉与奉存候、於其涯者大坂表借銀致皆済、當難相凌候而已ならす、一躰之差繰も運立、近年改革之詮も相見得可申儀精々念願被存候間、右旁之御取訳を以願通御免被仰付被下度、右之趣願上候様弾正殿より承り、此段私より申上候間、此等之趣被仰上可被下儀奉願上候、以上、 十一月　二階堂源太夫
339	445	嘉永3年4月	1850/5/12		不熟			種子嶋	去ル未年別改革被仰付候節、難渋之趣深汲受、各初給地高又者扶持米等半地差出、面々心入者申二不及、蔵方之助相成、然共右之内二者困窮之者共餘多有之、其上去秋作毛不熟二而、猶又差迫居候段相聞得、其通二而者存分之勤事茂調兼、尤當時海岸防禦之御手當嚴重被仰渡、種子島之儀外々よりも手堅相備不置候而不叶事候得共、別段申聞通大坂表趣法被相替、此涯至至極難渋之砌柄二者候得共、別段以存慮給地高并扶持米等本之通相返候旨、一統右之意趣厚心得、勤向屹与致精勤、軍役手當之儀程々二應致用意候様可心掛事、 役人中江
340		嘉永3年6月2日	1850/7/10	水損	凶食			油久村	六月二日、先是上妻小左衛門定直・西村甚五右衛門時哉赴油久村、修治水損場、今日時哉来告曰、油久村水損甚多矣、雖近日舉役夫修治之以歳凶食乏人皆飢餓而不勝用、恐遂毋成功乎、請発倉稟出米五石餘、以賑貸之於村民、而後令之得竭力矣、乃許焉、
341		嘉永3年8月7日	1850/9/6	大風				現和村・國上村・住吉村・安納村・上西之表・中西之表・安城村・古田村・莖永村・下中之村・増田村・油久村・野間村・府本・上中之村・上里村・島間村・西之村・坂井村・平山村・納官村	同日、大風、米倉小拂所一軒・枡取居宅一軒・會所一軒、現和村人家五十四軒・梵宇一軒、國上村五十八軒、住吉村五軒、安納村三十一軒、上西之表二十五軒、中西之表五軒、安城村三十八軒、古田村十一軒、莖永村四十九軒、下中之村四十一軒、増田村六十三軒、油久村二十五軒、野間村五十軒、府本十四軒、上中之村三十五軒、上里村四軒、島間村二十七軒、西之村三十軒、坂井村六十二軒、平山村四十五軒、納官村十四軒、皆頽焉、通計七百三十二軒、
342	441	嘉永3年	1850/2/12	長雨・大風				種子嶋	口上覚 米三百石 右者、種子嶋之儀當夏長雨、其上引續大風二而田畑痛強、蔵米之内凡千石餘及引入、且唐芋迚茂兼而之半方位茂無之、殊二粟・蕎麦等之産物茂都而絶々二相成候得者、年内中之食物者兎哉角可有之候得共、来春より夏迄之間頓与取續可相成産物勿論、芋類迚も無之賦御座候故、一統飢を凌可申之手段毛頭無御座候段追々申越、猶又此節役々罷登救米之吟味仕候儀茂御座候処、大分之人躰都而蔵米を以取救難調、當惑仕申儀御座候、然者右形行二付而者難捨置儀御座候間、右之斛高他國米買入御免被仰付被下度奉願候、左様御座候得者、手船取仕立瀬戸内邊江差遣、直二種子嶋江買下救米二差向申度奉存候間、何卒御免被仰付被下度奉願上候、此等之趣被仰上被下儀奉頼上候、以上、 月日 上妻才次郎(宗敏)
343		嘉永3年	1850/2/12	大風				種子嶋	大風傷稼、租額減者二千百四十四斛八升六合六勺七撮所、潰堤六、潰溝三十五所、
344		嘉永3年8月19日	1850/9/24	大風				住吉村・莖永村・平山村・増田村・上里村・上中之村・下中之村・西之村	十九日、檢損地、住吉村十二賦不入賦田百四十三區、莖永村百七十五賦不入賦田八百十區、平山村百十八賦不入賦田九百二十三區、増田村四十七賦不入賦田三百八十區、上里村九賦不入賦田七十六區、上中之村四十七賦不入賦田六百九十四區、下中之村百十賦不入賦田三百八十七區、西之村十三賦不入賦田百六十八區、都為大風所傷也、
345		嘉永3年9月11日	1850/10/16		飢饉			安納村	*十一日、與米六斗於安納村之村人、褒去歳當飢饉救人之多、又常務農也、*
346		嘉永3年9月11日	1850/10/16		凶歳			莖永村	*同日、與木綿一段於莖永村百姓善九郎、褒常以務農雖凶歳不請飢飯、且至租(租力)税公役未嘗有負也、*

表２－22 『種子島家譜』災害年表

番号	史料番号	年月日	グレゴリオ暦	災害種別 風水害	災害種別 飢饉・虫害	災害種別 地震津波	災害種別 火山	被災地	史料引用
347		嘉永3年9月24日	1850/10/28	大風				種子嶋	二十四日、家老・物奉行・高奉行相議取今歳大山野之租四分之一、以大風傷禾也、
348	448	嘉永3年10月	1850/11/4	風災				嶋元	種子嶋彈正殿蔵方難澁成立、連々借銀差屯候付改革向之蒙仰難有次第、何篇精微被附手を候得共、大坂表借銀元済之期二至り兼、利足二被追詮立兼候處より、御内意申上候趣御座候處、別段之御吟味を以御銀三百貫目於大坂御取替被仰付、是迄者借銀返弁相済難有仕合奉存候、右二付而者嶋元より繰登候砂糖御物御計を以御拂立被下、年賦返上之賦御座候處、近年嶋元風災等二而出来高及減少、其上位も不宜直段下直仕候付不容易候故、御取替銀返上之議尚又被及心痛候間、年々繰登候生蠟其外諸産物之儀とも右返上二差向、砂糖同様御物御計二而御拂立被仰付被下度、左様御座候得者直成も相進、年符返上之儀も無滞相弁申度念望与存申候間、願通御免被仰付被下度奉願上候様彈正殿被承、此段私より申上候様、此等之段被仰上可被下儀奉頼上候、以上、二階堂源太夫 戌十月
349		嘉永3年	1850/2/12		府庫空耗				前年以府庫空耗收世禄之半、謂之改革中、因恐特役覺邸者乏于旅費、乃自家老至賤隷給俸銀各有差、至是始復其禄如故、雖然俸銀改革中之時家老等連署曰、如諸司則賜俸銀固可矣、至臣等平日已受役料地、雖祗役之日亦何叨俸銀之為乎、請上之不許、須自手筆於家老、開于左、
350	449	嘉永3年11月	1850/12/4	風災				種子嶋	改革之儀者精微二吟味を尽候様申渡候得共、大坂表借財年々利銀二被追候故、改革筋詮立兼候処より願立趣有之、御銀三百貫目三朱之利付を以御取替被仰付、借財之返弁者相調候、右之返上者出来砂糖繰登相済賦二而、斤高相殖位も宜敷成候様、其外諸篇之下知相加度、長崎助左衛門事御暇相願、委細申含二而為渡海上國之上島元取扱振承届、逐一尤之吟味二而候条、助左衛門申渡候通已来被相行候様、猶又可得其意候、然者當夏之風災端的年府之返上二茂故障相成候儀、不容易御取替銀無申訳事なから、天災無致方不得止、當年上納高弐拾貫目二而相済候様願出、何れ殘銀年限中皆尾不相成候而不叶金筋候条、掛御役々江茂猶吟味を尽候様達置、此段申渡候条、屹与趣意相貫可致精勤候事、
351	451	嘉永3年11月	1850/12/4	大風	凶作			種子嶋	種子嶋弾正殿蔵方難渋成立、改革向被蒙仰難有被奉存、精微被手を付候得共、大坂表借銀元(返カ)済之期二至兼、御内意申上趣御座候処、別段之御吟味を以御銀三百貫目於大坂御取替被仰付、借銀返弁相済難有奉存候、右返上方二付而者年々繰登候砂糖御物御計を以御拂立被下、年々七拾五貫目ツヽ年符返上被仰渡置候処、近年嶋許凶作勝、其上當年無類之大風二而黍作相痛、御免之斤高者勿論位合も相劣可申候、就而者返上之銀高不足仕可申、近比恐多奉存候得共、當年上納之儀者廿貫目元銀之内江返上被仰付被下度、尚又来夏出来砂糖手厚吟味も仕置候得共、不足銀五拾五貫目之儀者、四ヶ年目皆納之節一緒二上納被仰付置度、二階堂源太夫より願之趣有之候、種子屋敷蔵方難渋二付、大坂借銀返上方難渋行届趣を以、二階堂源太夫殿より被願出遂披露置候処、別帋之通将曹殿御付紙を以昨日被仰渡候間、各方江向差越候付、源太夫殿江其段可被申出候、左候而大坂御留主居方者拙者證文を以申渡置候間、此段申越候、以上、十一月廿九日　友野市助 長崎助左衛門殿
352		嘉永3年12月20日	1851/1/21	大風				三箇浦	廿日、與真米二斗於三箇浦水梢、褒當大風之時各竭力不使港口繫船至覆没也、
353		嘉永4年2月11日	1851/3/13	風浪				三箇浦	同日、與赤米二斗於三箇浦水手中、自本月三日至四日風浪大起在港諸船幾覆也、水手等能護之遂得全、故及焉、
354		嘉永4年2月16日	1851/3/18	潮風				西之村	十六日、與金子二百疋於西之村村吏及庶民、去夏潮風破壊田地之封堤、村吏不乞役夫而庶民自修治之、故賞之也、
355		嘉永4年3月27日	1851/4/28		歳凶			野間村・納官村	廿七日、禁錮西村田代時和令寺入于妙泉寺七日、嚮欲野間村・納官村競角力以歳凶且租税未辨之、故止之、而田代與締方横目行而私許之、連及西村九郎時起寺入于満徳寺七日、時起亦自島間蔵行自勸競之、共為横目職當止之也、而却勸之、故及兹、
356		嘉永4年4月9日	1851/5/9		歳凶			納官村・野間村	九日、納官村庄官鮫島甚兵衛、横目古市權左衛門・鎌田森助・春田休左衛門・同仙左衛門・徳永仲左衛門令寺入于隆興寺、野間村庄官石堂休右衛門、横目石堂伊兵衛・古市半右衛門・日高周右衛門于妙泰寺各三七日、旧冬野間村・納官村競角力以歳凶且租税未辨之故止之、既而西村田代時和・西村九郎時起竊行勸之、此輩知之而不制、故及之、
357		嘉永5年9月10日	1852/10/22		不登			種子嶋	十日、今歳不登、諸村減租額有差、
358		嘉永5年9月11日	1852/10/23	洪水				種子嶋	十一日夜、洪水、稲之刈而未収者許多流失、時定秋税之額、然不得不為之處置、乃使郡奉行羽生半左衛門往本府、聞　官之法、
359		嘉永5年	1852/1/21		不登			種子嶋	以年不登減大山野之租、
360		嘉永6年4月22日	1853/5/29	洪水				茎永村・西之村・上中之村・油久村・坂井村・平山村・増田村・上里村・下中之村・	廿二日、茎永村減税真米三十六斛二升八合・赤米十八斛一升四合、西之村真米一斛八升・赤米五斗四升、上中之村真米四斛二斗一升・赤米二斛一斗五合、油久村真米九斗二升・赤米四斗六升、坂井村真米五斛一斗七升八合・赤米二斛五斗九升、平山村真米十八斛二斗一升一合・赤米八斛一斗六合、増田村真米二斛五斗二升一合、上里村真米二斛一斗八升一合、下中之村四斛四升一合・赤米八斛八升一合、去秋洪水流失所刈置于田中稲、各村有差、故及兹、且戒以向来秋収可慎也、
361		嘉永6年	1853/2/8	洪水				種子嶋	*與金子百五十疋於郡奉行羽生半左衛門、以因洪水之事出府也、*
362		嘉永6年5月27日	1853/7/3	颶				芦徳	廿七日、小舟一艘漂到于國上村、大嶋立郷間切[地名]宮錦僕甚太郎・覺府之富山半蔵臣田中三四郎乗之、締方横目町田正太夫・山元尚之助、我横目羽生仙蔵能通・西村休八時乗往問之、答云、載蘇鐵之芦徳[地名]歸路遇颶漂到于此、事聞于　官、
363		嘉永6年5月27日	1853/7/3	颶	飢饉			大島	*同日、本府有馬糺右衛門臣満留傳助・谷山郷士福嶋金助乗小舟漂到坂井村、締方横目・我横目往問之、答曰、嚮有罪被謫于大島、彼地飢饉不甚銀難、故盗舟欲帰郷遇颶漂到焉云、*

表２－23 『種子島家譜』災害年表

番号	史料番号	年月日	グレゴリオ暦	災害種別				被災地	史料引用
				風水害	飢饉・虫害	地震津波	火山		
364		安政元年8月12日	1854/10/3		大疫 一島安全・ 五穀豊穣			種子嶋	十二日、去年至今年大疫且罹他疾而多死者矣、祖母夫人憐之命祭其鬼於本源寺、併禱一島安全五穀豊穣、祖母夫人自詣、三役・寺社奉行班列、諸村亦各於本寺修之、使寺社奉行及寺老莅焉、
365		安政元年8月23日	1854/10/14		不登			莖永村・下中村・ 上中村	二十三日、以年不登莖永村・下中村・上中村各減租有差、
366	489	安政2年2月19日	1855/4/5		虫喰			種子嶋	覺 御出米御金之儀、何年鑑より御願起二相成候哉、相調候様被申越、掛向江其段申渡候得共、委細不相知、御座帳留相調候處、宝暦年間鹿児嶋上町西村六左衛門与申人、於大坂御國米御拂直成相場を以御金納引受上納仕度、御上江御願申上候處、御免二而仕来候處、宝暦十三未・明和元申之年中二者御蔵方より御金納御願立二相成、御免之上御金納成来候二而茂候哉、明和六丑之年帳留二、去ル申之年より御免被仰付置候御金納之儀者、又先五ヶ年御免被仰付度との御願次有之候、決而追々御願次為相成向二相見得候、就而者前条宝暦十三・明和元年之間二而御願起二相成たる二而茂有御座間敷哉与被察候得共、其節之帳留二限り雨漏り、且虫喰等二而破壊之上、纔計相見得申候、然者日外そ綴糸損居候節、無案内二而別帳こんじ込茂不致候哉、何分不相知、氣之毒千万残多次第御座候、乍此上折角手を附可申候得共、其御元之帳留又々御しらべ見被成度存申候、此段御問合申越候、以上、 卯 二月十九日　種子島 鹿児島　御役所 御役所
367		安政2年5月18日	1855/7/1	大雨・洪水				上中之村・下中之村・島間村・莖永村	十八日、大雨洪水、上中之村・下中之村・島間村・莖永村損田、且峯崩而壓假屋及池亀新蔵者宅、人馬無恙、
368		安政2年7月13日	1855/8/25	大風雨				種子嶋	十三日、大風雨、損溝洫、
369		安政2年	1855/2/17		凶荒			種子嶋	國老傳命、令積粟以備凶荒、事記于左、
370		安政2年	1855/2/17		不作	地震		種子嶋	写 去寅年地震、當年出水之國々有之候得共、諸國一躰之作方、當年者宜敷趣二相心得候二付、天保之度増開（囲カ）穀全備不致向者勿論、不作等二而銘々用途二遣拂候分茂不少儀二付、年限り不拘、可成丈繰合詰戻、此節柄無油断江戸・在所共開穀相増候様心掛、領内・郷中之貯穀等相増候様可被致候、増穀全備いたし居候面々者、猶又當時節柄別段精々開穀相増候様被心掛、尤詰戻開穀いたし候分者、其段早々可被相届候、
371		安政2年9月29日	1855/11/8		凶荒			種子嶋	二十九日、納錢三百緡于　官以償負債、先是凶荒之歳所借也、
372		安政2年11月15日	1855/12/23	西風大浪				種子嶋	同日、西風大浪、前港所繫厨船吉徳丸微破、所載之米九十餘石浸濡、
373		安政2年	1855/2/17			地震		關東	官下命曰、曩者關東地震、諸邸破壊、因此費用許多、封國中宜納錢或米以資之也、
374		安政2年12月15日	1856/1/22	大風				下西之表	同日、大風、西街市人濵田喜八商船破壊于前港
375	494	安政2年	1855/2/17			地震		關東	今度諸事簡易御制度被為復候御旨茂有之、殊二今度地震二付而者諸向一同難渋二及、其外容易旧復難相成候二付、銘々衣食住を始諸事格外之省略可致候、就而者殿中を始着服之儀、當分左之通可相心得候、熨斗目者正月御儀式十五日迄、且御宮御靈屋江御参詣之節計相用、尤無地之向二而も腰明二而茂勝手次第可致着用候、其外者総而服紗小袖・服紗可致着用候、 但是迄熨斗目長袴之廉茂熨斗目不相用上者、勿論長上下茂不及着用候、 一萬石以上以下家督初而　御目見其外御禮之節、着服之儀者是迄之通可相心得候、尤披露并進上物出候役人等者、當日之服相用可申候、 一殿中麻上下之節茂、木綿紋付之儀者服紗同様可致着用候、肩衣袴之儀も時節不拘麻木綿并単を用候儀者可致勝手次第候、此外麁末之品相用候儀、銘々之心次第たるへく候、勿論家来又者等弥以麁末服相用可申、惣而無益之入費相省、実用武備相整候様専務可相心掛候、 十月 大目附江
376	496	安政2年	1855/2/17			地震		關東	一近年異國船手當者勿論、萬端入價二及候折柄、又候此度稀成地震二而、芝御屋敷を切諸屋敷凡及大破、修覆其外莫大之入價差見得、當惑之至候、右二付而者出銀不申付候而者難相成時節候得共、近年一同及困窮候折柄故、出銀等之儀一切不申付候間、弥節倹を相守、士道嚴重心得候様、分而可相達候、 右之通　御書付を以被　仰出、誠二以難有　御趣意此事候条、一統謹而奉承知、屹与　御趣意行届候様誠実二可相心掛旨、於江戸申渡二相成候段申来候条、此旨向々江不洩様可致通達候、 十二月　豊後（島津久宝）　筑後（川上久封）　近江（末川久平）　駿河（新納久仰）　伊織（樺山久成） （本文書ハ「旧記雑録追録八」二三一号文書ト同一文書ナルベシ）
377		安政3年正月8日	1856/2/13	颶				安城村洋	八日、屋久島一湊之商船[四枚帆船主亀市、船頭好太郎・水工三人・便人三人]遇颶于安城村洋、船至岸遂破、舟人僅以身免、
378		安政3年正月16日	1856/2/21	颶				庄司浦・田之脇	*同日、與米四斗于庄司浦水工十八人・田之脇水工廿六人、先是屋久島商船遇颶于安城村洋也、此輩多方周旋救之、遂得免於覆没、以故賞能服其労也、*
379		安政3年	1856/2/6	颶				西之村	西之村漁人庄四郎漁船遇颶破壊、事聞于　官、
380		安政3年9月1日	1856/9/29		稲不實			平山村・上中村	九月朔日、平山村・上中村以稲不實、村吏上書請減其租、乃遣物奉行・高奉行検之、

表2－24 『種子島家譜』災害年表

番号	史料番号	年月日	グレゴリオ暦	災害種別				被災地	史料引用
				風水害	飢饉・虫害	地震津波	火山		
381	502	安政4年	1857/1/26	大風				種子嶋	一銀三拾貫目 内納高弐拾三貫四百八匁九分 差引残 六貫五百九拾壱匁壱分 種子嶋霾袈裟 右文化元年佐渡代私領両度之大風二而七ヶ村無納地二相成御取替銀 右者、往古より至近来依願拝借被仰付置、輕年符上納等二而追々返上納二茂相成申候得共、當地諸人一統困窮之折柄、中二者生業難立行向茂有之、諸郷迚茂同断二而、就中浦方之儀者別而及疲弊、水主立等之専務も不行届相労候段被 聞召上、段々 御仁慈を以、拝借金銀米錢等諸品共二都而被下切被仰付候条、文武之心掛専一可致手當候様、厚可申聞旨 御沙汰被為 在候条、銘々難有可奉承知旨、先達而駿河殿より御通達を以被仰渡置候通二而、此節右之通被下切被仰付候条、此旨可被申渡候、 巳六月 御勘定所[印]
382		安政4年7月29日	1857/9/17	大颶				種子嶋	廿九日、大颶、在巷諸船皆覆没、陸上所置八幡丸掀舞數仭而敗壊、倒屋傷稼、其餘石裂木抜者不可枚擧、
383		安政4年9月4日	1857/10/21	颶	不登			平山村・上里村・莖永村・坂井村・坂井村・油久村・島間村・増田村・西之村・下中村・上中村・下西之表・上西之表・安納村	四日、今歳有颶、穀不登、平山村・上里村・莖永村・坂井村・坂井村・油久村・島間村・増田村・西之村・下中村・上中村・下西之表・上西之表・安納村等、減租各有差、通計三百五十斛六斗九升七合、
384		安政4年9月8日	1857/10/25	颶				下中之村	同日、下中之村山役上妻仲兵衛・柳田喜十次各褫其職、且喜十次納罰錢十緡、横目遠藤武十郎寺入本隆寺二七日、嚮上妻五右衛門請伐田地防颶之樹以爲材於山奉行日高勘太郎、勘太郎許之、仲兵衛等亦知而不制、故被坐、事逮瀬戸口貞吉・百姓甚之進、罰之有差、
385		安政4年9月18日	1857/11/4		不登			種子嶋	十八日、以五穀不登諸村減大山野租額、各有差、
386	507	安政4年	1857/1/26	東海風波				種子嶋	此平山村之川直されし事ハ 松壽院君深く思召之旨ありてこそなれりける、初松壽院君御むつきの内より是れの御館に尚せられおわしまして、御舅姑の御恩愛ハ元より、歳久しくかしつかれ給ひしかたゝの御情を深く御心に銘せられ、御蔵方の為何くれ永世の利を起し、恩を不朽に報ハせ給んと思召こめられ、安政元年事の御序に此ほとりを見そなわし、大浦河を坂井村阿嶽河に堀通し、只今の河尻を塞ぎ、大浦濱三十餘町の干瀉を塩濱等に開かれ、古田の汐入までも防せらるへき思召にて、高奉行西村蔵多時措に委敷事を命せられ、本府にものし、あまねく其道に賢き人々に問ひはからせ給ふ、然りといへとも、東海風波のあらき所、萬全の普請覚束なく、今のすかたにて河を廣め、堤を築き、田地の塩入を防ぎ、塩ハ追濱二而焚き方あらんにハしかしと、衆議一決に及しかとも、此處田地三町余三十年来干損の荒田、徒らにすたれたるにより、其間を東の岡涯に片よせ河直しあらんには、水利のミならす、田地汐入之難を免れ、数町の川跡さへ後年田地になりもてゆかんと、此間時措ひたすら心を尽して事をわきまへ、外に物奉行森休兵衛、検者日高幸内・宮浦半之丞おも掛りに命せられ、安政四年巳正月より堤を築き、初め一旦春農の時を計て休ミ、同六月再事を起し、新に掘たる川土を以て、西の方一面数町ならふに、古河首尾両所共に堤を築き、尽く時措本府より傳来れる法に基き、十月初旬に至て遂に事終りぬ、役夫凡壱萬六千四百八拾五人、右に費さるゝ御手元金弐百八拾五両餘に及へり、則其秋よりあまた塩入之田ところ災を免れ、村人之悦ひなゝめならす、なへて河崎の新堤を安政土手、新川を安政川と唱て、かゝる恵ミに逢る時年を永く忘れ奉らす、又其古河を築留たるほとりに、水天祠石を祟められ、ときハかきハに動きなからん事をねき祈り給ふとなん、誠に松壽院君恩愛を永代に報せ給ふの御仁心、神明上に受給ひ、民庶下ニ仰き奉りて、年々天之時を失わす力を農耕に尽し、つきゝ荒田又者古河のことときを開き田作り、これの堤の修甫も怠りなく、不朽の賜を疎かにせすして、鴻徳を萬代に忘れさらん為、事のよしを碑に記るし置奉らんと、承る司ゝ請願ましゝ、いなみかたく、かく物し侍りぬ、 万延二年辛酉三月吉日 野元盛敏謹誌
387		安政5年	1858/2/15		不登			種子島	國老新納駿河傳命、去歳不登米價騰踊、故發常平倉低價、糶米千斛諸人、諸人亦宜節用之、
388		安政5年9月7日	1858/10/13		不登			種子島	七日、以年不登、『益＋蜀』大山野之租、

表２－25 『種子島家譜』災害年表

番号	史料番号	年月日	グレゴリオ暦	災害種別				被災地	史料引用
				風水害	飢饉・虫害	地震津波	火山		
389	13	安政6年4月18日	1859/5/20		凶年			種子島	覚 一御改革被仰出候而より最早拾ヶ年餘り二相成候得共、差而御蔵方御立直り之廉不相見得、我々共二茂適々御世話申上事候間、其詮有之候様、何そと氣を寄候得共、凶年災殃、且者御産物等茂存之侭出来兼候上、御吉凶事二付而茂、是迄御物入有之、那(将カ)又平日之御失費何分入増候方二相向候間、只今躰二而者、御内沙汰被為在、御改革被仰渡候儀詮立兼候二付、若哉 被聞召上不行届之段 御沙汰共被為在候而者、別而不都合之儀二而、何共申上様茂無之、恐入次第二候間、發起笑左衛門(調所広郷)殿其外より被仰渡候御趣意二基き、此涯御取縮第一之儀と存候、就而者、以前より之習俗流れ不取締之儀共有之候而者、甚如何之事二而、第一御改革之御趣意不相振候間、則相改候様被取計度存候間、此涯猶又御取締向吟味筋可承候、 一差登二相成候米、近年直成下落之時分相届候間、宥々御損失二相成候、海上之事故、不順且者遠方御蔵より差廻し方旁隙取候故障筋有之や二相承り候得共、御當地より者実熟も早き由候間、搨挎方等致催促、年内差廻二相成候得者、格別御利益も可有之候間、當年より者屹与仕登せ方被差急度、就中赤米之儀者、年内早目相届候様吟味有之度、尤御米廻し方二付、故障之廉茂候ハヽ、弁利之手都合茂可有之事二候、此儀も後年之為二も相成儀候間、致吟味度候、勿論米入実無之處より直段茂相劣、決而煩筋可有之候付、稠敷取締之趣法を付候儀者右同断、 一御當地并御島元年中入拂、総本是迄不届候間、邂逅御世話申上事候間、年々入拂増減不存候而者、其詮無之候付、是以此節吟味之上、年中之総取仕立方いたし被差出度、尤年々其通有之度候事、 一御當地者勿論、御島許御蔵方等取拂相勤候面々、御勘定相遂候上者、自過不足有之害与存候得共、是迄不足上納等何様取扱相成居候茂分り兼候処、此節近年之不足引付被仰付候分者、取しらへ被差出候得共、此以前より之不足不納之人数も可有之、是亦早々取しらへ有之度候事、 一御改革以前より者御島許栄労何様有之候哉、田畠手入等之儀者、御改革發起より分而御達二相成候間、掛役々差はまり、諸下知為在之筈候間、百姓共二者潤立候哉、是又村々栄労、右同断、 一前文通、拾ヶ年余之御改革、詮立兼候付而者、一統御立直り之処を縣心頭、少事たり共御物入無之様二被取扱可被申之處、此比二至候而者、勤方二付拝借等申出候向茂有之、漸御差繰之御所帯、右之通有之候而者、御改革不守之筋二相當、如何之至候付、折角倹約相用、拝借等申出候儀者、御改革中差扣候筋、一統江被申渡度致吟味、且又此以前之拝借、御改革後拝借、又者無故取込等有之候面々、委敷取しらへ、右之内年符(賦)且利銀返上之株茂有之候ハヽ、其訳相記、是又右同断、 一御當地詰役人等之内、間二者親子之間見聞役二而罷登候儀茂有之候得共、身近き者二而者差支之訳茂有之候付、以来別段人柄致吟味被差登候様取計有之度候、 一御當地御蔵取納方又者拂出等之節者、是迄物奉行・見聞役立會、出入等之取扱有之候得共、以来者、役人・物奉行・見聞役立會之上、取扱有之度、尤都合次第、我々共二茂不時可致見聞候、 一御島元御蔵方之儀、二・八月両度、役人・物奉行・見聞役立會之上、米錢諸雑物等厳重相改、現物改、證文見聞役より同案為差出、壱通者御島元御改革江さし出、壱通爰許御役所江差登候様取計有之度候、 一御當地御蔵之議、以来壱ヶ年二被仰付、御蔵改之儀茂前條之振合を以、役人・物奉行・見聞役・我々共之内立會、現物相改、見聞役より證文御役所江為差出候様有之度候、 一御嶋元御蔵元江有米差出為致、夫々米賦等いたし、同案を以爰許御役所江茂さし登せ候様取計有之度候、 一御島許取拂役之儀、是迄同所二おひて御勘定相遂来候得共、以来勘定帳并諸帳面等、勘定奉行・勘定役より持登り、御物御勘定役を御頼入、夫々御作法通勘定相遂、過不足等相究、萬一不足相立候ハヽ、早速致上納候様、取扱有之度候、 一諸所御修甫方之儀、作事方役々者勿論、役人・物奉行・見聞役・我々共之内立會、見聞之上、為致抜書、右二基き入具等御買入を以召仕、成就見聞之上、萬一殘所茂有之、本立いたし候様取扱有之度候、 一御島許御改革方掛役々之儀、金銀米錢等専引受、何篇精微二尽吟味を、少事たりとも御不益不相成様取計有之度候、左候而、以来者混与御勝手方江致日勤、屹与近年中、御改革之詮相立候様取計有之度候、 一御改革中拝借取込等可致遠慮之處、是迄役々等之内、過分之拝借取込等も有之面々者、上納相済迄之間持高差上、所務米を以差引上納二而目成候上被返下、織計之上納分者、早速上納有之度候、 一御改革方江出勤之面々星帳相調、壱日飯米三合程被成下候ハヽ、猶又一統精勤可仕候間、是又吟味有之度候、 一米蔵取納之儀者、三ヶ所江出勤いたし、拂帳二して攀有米帳面しらへ方有之度候、 一砂糖代・枦代・種子代無滞相渡候様、帳面等見聞有之度候、 一運賃米之儀、御改革二付而者取締向厳重手を付度候、 一百姓共種子米拝借申出候付、以来毎秋取納之節、地方検者より切封為致度候、 一近年赤物他江真(米脱カ)を植付候段相聞得、其通二而者、作得茂薄く候付、以来夫々相定候通植付有之度候、 四月十八日 種子島加治右衛門　種子嶋休蔵　新納休右衛門　村田次左衛門 御役所

表２－26 『種子島家譜』災害年表

番号	史料番号	年月日	グレゴリオ暦	災害種別				被災地	史料引用
				風水害	飢饉・虫害	地震津波	火山		
390		安政6年5月11日	1859/6/11	大雨				甌川・上中・西之表・住吉村	十一日、自昨九日大雨、甌川有水橋壊、其他上中・西之表及住吉村各有水害、多損田地、
391		安政6年5月17日	1859/6/17	水害				伊關村	同日、伊關村告有水害而損田地、
392		安政6年5月23日	1859/6/23	水害				安納村	二十三日、安納村告有水害而損田地、
393		安政6年6月16日	1859/7/15	大雨				西之表	十六日、西之表告近日大雨田地水害大多、
394		安政6年9月8日	1859/10/3		不登			種子島	**八日、諸村以穀不登減賦有差、**
395		安政6年10月19日	1859/11/13		不登			種子島	**十九日、以年不登減山野租額、**
396		万延元年2月7日	1860/2/28	颶				種子島	七日、 官許築波戸、實祖母夫人請之也、吾種島孤立南海、風潮險悪暗礁羅列、無好港可以便湯(歇)泊者、官船航琉球及諸州者、雖洋中遇颶不得来維以免於難焉、吾厨船亦頻頻破壊、貨物耗損不可勝計、古来雖知築波戸之為利、而費用許多、非吾府庫財力得而所辨也、祖母夫人患之有年矣、至是陳公私之便、以請 官築波戸於諸子瀬港口且賜傭直、周旋懇到 官遂許之、於是乎、祖母夫人念藩之地方檢者練於吏務而足以托事者、野元三之助盛敏其人也、乃復請于官使盛敏為之總裁、盛敏奉命、近日将従事於此、先贈書於種子島政府、使諸司知之、且禱成功島中紙祇焉、以家老前田新五兵衛宗誠・物奉行西村蔵多時借為波戸築方掛、亦為祖母夫人所識抜也、事記于左、
397	18	万延元年2月10日	1860/3/2						覚 波戸築方付、金千弐百両、一ケ年ニ三百両ツヽ四ケ年ニ御拝領と申処、御都合成立、来十一日御下金相成申候、就而者、爰許よりも功者成地方検者又者功者成夫御傭下ニ可相成候間、折角手抜無之様下地有之候様可申越旨被仰出候、 一右御普請ニ付而者、帳面取扱いたし候者者、利分有之様ニいたし候様有之者之由候得共、此節之儀者、左様之儀共無之様、折角明白ニ可取計、自後以迷惑ニ不相成候様、御心附可被仰付候間、此段も申渡置候候[衍カ]様と之 御沙汰ニ而候、 一御先祖様、但御坊御廟所者勿論、 一御伊勢様、 一蒲田大明神様、 一住吉大明神様、 一真所八幡様、 一寶満様、 一御崎様、 一熊野権現様、 一三ケ寺、 一岩立水神様、 一鬛泊大野山様、 一諸子瀬神様、此処ニ而者、大龍王・水神・山神・海神・火神・風神、 一若宮様、 右、此節波戸築方御打立ニ付而者、山野海川ニ至迄、障をなし候儀ニ候得共、右之御神々御尊慮ニ不叶儀も有之候半、就而者、御用人より 御隠居様御代参ニ而、此節之普請ニ付而者、定而御尊慮ニ不被叶儀茂可有之候得共、専ら国益之一筋を相考、後世之為ニ仕置度、深思慮を以打立申事候間、宜敷御推免被下、用夫其外一統災難無之様御守被下候様との趣を以、御願申上置候様可申越旨、承知いたし候、猶又鬛泊大野宮様近辺茂右抔御取可被成事ニ候得者、此神様江者、右形行委細可申上置候、左候而、御礼ニ者、成就之上社堂御作替御上可被遊との御沙汰ニ御座候故、此段も申上置候様、御用人江申渡可被成候、諸子瀬辺江も、定而水神様被為居候半、就而者、右場所江者出家より差越、御祓等茂いたし、前文之趣を以御願可申上候、猶又上様方御息災延命且御武運長久・国家安全・五穀成就等之儀迄も、御守被下候様可奉祈旨申渡、御代参之御用人江茂同断申渡被成候様掛合いたし候様 御沙汰御座候、 一若宮様御事、当時者妙泉寺江被為居事候得共、箱崎之辺江御縁被為在神様之由候間、白石之辺なと、又者大野山様御同居歟、其外何方ニ而茂御直り被遊度場所茂被為在間敷哉、御籤御取らせ被成候而、何方御望之場所江降福権現様御振合を以、御取立被成候様可申越旨致承知候、 一御代参之節者、御願文相調差上置候方可被宜 御沙汰御座候故、其外宜取計候様御申渡被成度、尤旨趣者矢張前文同断之事御座候、 右条々御掛合申越候、以上 二月十日 鹿児島御役所
398		万延元年8月18日	1860/10/2		不登			平山村・堇永村	**十八日、平山村・堇永村以稲不登請減租、政府相議、遣物奉行・高奉行檢之、**
399	26	万延元年8月	1860/9/15	風災				種子島	**寫 種子島之儀、近年風災打續、蔵方不如意成立、於島許樟腦焚方之上、上方表江賣出御免候、右二付而者、樟腦焚方之趣法他國江相洩候儀御禁制之事候二付、其段厚相心得、公儀流人樟腦方江一切不入様、屹与取締可有之候、尤一所二過分之斤高積出し相成候而者、故障之訳有之候二付、一ヶ年五六十斤位焚備、右を両三度二積出候様可致候、尤長崎邊江樟腦差廻候儀、屹与不相成候、左候而、積出之節者、詰締方并唐物締方横目等相改筈候条、此旨種子島霧袈裟親類江可申渡候、 八月 左衛門(島津久微)**
400		万延元年9月6日	1860/10/19		豊歉			平山村・上中之村・下中之村・島間村	**九月六日、家老上妻小左衛門定直其餘諸司檢下之郡豊歉而帰、平山村・上中之村・下中之村・島間村減租有差、**

表２－27 『種子島家譜』災害年表

番号	史料番号	年月日	グレゴリオ暦	災害種別				被災地	史料引用
				風水害	飢饉・虫害	地震津波	火山		
401	27	万延元年10月	1860/11/13		凶年			種子島	常平倉之儀、給地高所務米并諸郷作得米之内より、米穀豊熟之年柄御買上被仰付、當分御當地并諸郷御蔵凡一萬六千斛餘之御圍高二相及、右之内より凶年之節者申請等被仰付得者、毎秋新米二而圍置候儀者當分之穀料限二而、以來者諸郷作得籾御買入を以御圍被仰付候条、凶年之節者、籾摺方之上、可致拂方候、於其儀者、當秋之儀茂米穀豊熟之由相聞得候二付、給地高所務米御買上之儀者引取、諸郷御年貢米済之上、作得米受持郡奉行取調へ届申出候上、見聞役差出御買上之上取寄、常平倉江圍置候様可取計、此旨可致承知向々江可申渡候、 十月　筑後(川上久封)
402		万延元年11月13日	1860/12/24		飢饉			種子島	同日、先是飢饉、禁鬻穀于他州、濱田喜八借増田村市助者之商船竊載米二十石商于屋久島、至是事露、因使納罰錢三百二十貫文、籍没米二十四石、連逮喜八之伴當次助罰錢一貫文、赴屋久島司販鬻者也、水稍増田村庄市三百文、船主市助一貫文、
403		文久元年6月21日	1860/7/28	禱雨				本源寺	二十一日、使三寺之僧禱雨于本源寺、三日而雨、
404	37	文久2年6月	1862/6/27		凶作			種子島	種子島之儀者、近年打續凶作勝二而、蔵方不繰合相成、無據出産塩之儀二付去々申四月御願申上趣御座候處、是迄通行之八斛米船便之序上荷積送り候様、誠二以難有次第奉存候、則差送り申候處、兼而屋久島二も塩不自由之場所之由御座候得者、殊之外重寶二相成、右之上荷迄二而者聊之事二而餘勢二相成丈無御座候、就而者、追々者過分積送り方仕具候様、精々承事御座候、只今之振合二而、島元用分之外餘計二出來塩有之事候得者、右塩濱之場所、模寄違遠方二而、御當地二積出申二付而者、西之村廉之御崎与申難瀬を乗廻、先書申上候通、殊之外船運送之失脚者勿論、塩濱興起趣法立二付者、品合旁之吟味二而、専播摩・周防之傳法二基キ取仕立二相成、土手并がんぎ普請其外之取拵方至極念入、御當地より日雇濱子男女數十人頼入二相成之處、本手銀等者手本銀内より被差出候處、存外之失費二相及、出來塩之儀者得捌方不仕、徒二相成向二候、就而者、適取仕立之産物出來候而も其詮無御坐、　松壽院殿二も只今在嶋中殆當惑被致儀御座候、右二付、當御時節柄近頃恐入奉存候得共、八斛米船便より積送御免年限も當年迄二而筈合申候二付、乍此上重而御訴訟申上兼候得共、當年より先十ヶ年、嶋元用分之外不残時々積送り方御免被仰付被下度奉願上候、尤直段之儀も商人共より先から先二賣渡与者訳も相違、自然下直二可有之賦候得共、其上二も尚々吟味仕、先方勝手能方相渡可申候、彼表元來過分獵方之場所御座候得者、御當地遠方より塩買下候付而者、不圖切間有之、適取得候肴も看々腐敗損亡仕事毎々有之、右様之節者、誠二心配仕段も追々承り、種子境より差送り候付而者、彼表餘程仕合之由御座候、左候而、屋久島船出入之儀二付而者、以來島元掛役又者締方・御横目衆御改等有之儀御座候得共、猶又御手厚御取締行届候様被成下候得者、難有仕合奉存候、誠重々恐入奉存候得共、産物取仕立之御取訳を以而、願通御免被仰付被下度奉願上候、種子島鶴袈裟幼少二付、親類北條織衛被承届候間、是等之趣被仰上可被下儀奉願上候、以上、 戌六月廿八日　種子島役人 森休兵衛(友習)

表2－28 『種子島家譜』災害年表

番号	史料番号	年月日	グレゴリオ暦	災害種別				被災地	史料引用
				風水害	飢饉・虫害	地震津波	火山		
405	39	文久2年	1862/1/30	風波強き				種子島	文 赤尾木浦新波戸記 種子島赤尾木浦ハ、島々の船のひとの國に渡るも、ひとの國なる船とものこの島に至るも、其者ら此浦をなん出入のみなととし、また南の島々の往來ハ更なり、おほやけわたくし地方の船々のさかしまなる風にあひ、あらき浪にたゝよふも、此浦を便りに汐かゝりする處なりける、其みなとの御備、陸より申酉のかたにむかひて、諸子瀬といひて南北五十間余の瀬かたあり、船津なれハ石をたてたり、戌亥の方に陸に續ひて築立たる波戸の三十間余りなるかありて、築島と名付、諸子瀬と築島の内に船すへのみなとにはありける、然るに風波強気おりは、諸子瀬につなきたる船につなをかけ添んとしても、船の住かよひは更なり、水に馴たるものといへとも、渡る事のかたけれハ、みすゝ陸へ打寄揚て難破に及事あまた度なり、今種子嶋の大うば君　松壽院殿は 故宰相君のまさしき御はらからにて、おさなき御時より種子の御家二入おわまし、親君達の御慈しミを受給ひ、数多の年を經給ふ二付て、今はた幼き御うまこ殿の御うしろ見をなし給へれは、如何て御家の為、いみしからむ御いさをしなり、行て昔の御恵に報ひ給ひなんとの御志深くましまして、さきゝ平山村田地障の汐入御直しの御事あり、又あたらしき塩濱を興し立給ひ、あるひハ薬園を開き給ふなと、何事もたやすからむ御わさなるを、惣て御自分貯へ給ふところの若許のこかねを出して事なし終給ひ、一嶋の民草永々其御恵ミを仰奉らむハなく、さてまた近年 大殿に御願あり、赤尾木浦船かゝり宜からす、去により、波戸築立むとをもほすを、いかに御心付を賜なむと申上たまひしかハ、いにし未の年の八月、郡奉行黒葛原源助を遣わされ、諸の入目とも見賦ありて、明の春、忝しけなくもこかね千弐百両、内より恵ミ給はせたり、御自らハ申もさらなり、嶋中末々に至るまて、よろこひかしこみ奉り、則築立方取付の事ありて、地方檢者野元三之助盛敏を 大殿二乞ひ給ひて、是か惣裁たらしめ、御内の司人夫ゝ之事執行ひて、諸子瀬を地盤にして築方相始り、又彼の築島の波戸にも築添あり、盛敏人となりこゝろさとく身すくやかに能其道に堪たるうへに、身を以而是に先たち、ミな月の照る日の焚かことくなるをも厭はす、口(ママ)にいそしミいたつきつゝ、次々の司々はたおとらすいそしミ物するほとに、終によろつ足らぬ事なく築終たり、諸子瀬の新波戸、長四十弐間餘・横拾弐間・高さま其瀬の高低二より、或ハ壱丈六七尺、或ハ壱丈なるもあり、築嶋の波戸、長八間半・横弐間・高壱丈九尺餘、石工・大工・木挽・鍛冶・水主・夫方二至迄、凡其数弐萬三千百三拾壱人、石を運す事四千七百七拾六艘に及へり、誠二旁慥なる事云へくもあらす、今よりハかきはに常盤にかけす崩れす、永く船つなきの憂もなかるへし、さ而ハ種子嶋のミならす、諸出入船の幸にして、千尋の海の底よりも深き御恵ミにそありける、あなかしこき哉あな賢哉、 文久二年壬戌五月 後醍院真柱慎誌
406		文久2年9月22日	1862/11/13		不登			種子島	二十二日、以五穀不登減諸村大山野之祖、各有差、
407		文久3年7月2日	1863/8/15	雨・礮雷				種子島	七月二日、夷擄重富港所繋之蒸氣船三隻、挽之至前港、其二火而放之、其一碇而焼之、於是官遂下命撃之、此日風雨時冥、礮雷震山、黒煙塞海、彈丸雨注、沙石掀舞、夷艦凌絶高濤、輪換發礮、稍進逼祇園洲、會潮退一艦膠沙而止、頗有可乗之機、諸艦急折旋而擁護之、發礮益急、蓋防　官兵襲撃也、祇園洲礮臺為其所震裂、戦士氣頗沮、税所某所奮而出死之、後　官賜米于其家、以表死節云、夷遂放火箭焼向築地、時風益急煙焔漲天、上町盡為烏有、延至浄光明寺而滅、至夜戦止、此戰也、夷避諸臺礮門、七艦悉萃祇園洲、故諸臺火刀不及焉、祇園洲受丸最多而戰最勤矣、
408		文久3年10月	1863/11/11	大風大雨				浦田浦	*官賜青銅二百疋于浦田浦水梢次平太、先是七月三日之戰、大風大雨、諸所礮臺役夫疲困、臺将川上大膳請借我水工以充驅使、乃遣数輩、次平太亦在遣中、服役尤勤矣、故有此賜、*
409	56	元治元年5月24日	1864/6/27	大風				種子島	口上覺 一杉完料(ママ)拾四挺 一檜完料(ママ)弐挺 一弐長底弐拾五挺 一小樽五拾束 一平木 右者、今般屋久嶋之儀御仕向等被召替候段、粗承知仕候、然處、同所之儀者先祖十六代種子島左近太夫久時迄被致領地、別段由緒之訳筋を以年々八斛米積渡、本行之通申請被仰付、完料(ママ)之儀者、専同人菩提所又者軍役道具格護蔵、其外仮屋入用之桶・丹荷、平木之儀者、同所修甫用二相用、難有奉存候、然処、種子島之儀遠海孤島之上平島二而、杉適被差立置候而も、大風等憂二而過半倒木又者中途より吹折、迚茂難致生長、此以前より申受被仰付置迄を以、格別之用分相達来候間、是迄之振合通りを以、不相替本行丈者年々申請被仰付被下度奉願候、左様御座候ハヽ、往古より之由緒も相立、修覆旁行届申事御座候間、別段之御取訳を以、何卒奉願候通御免被仰付被下度奉願候、此旨種子島霜袈裟幼少故親類北條織衛被承届、此段私より奉願候様被申聞候間、此等之段被仰上可被下之儀奉頼上候、以上、 用頼代 美代藤兵衛 子五月廿四日
410		慶応元年7月2日	1865/8/22		不登			下中之村	七月二日、錮下中之村地方検者牧平次于妙昌寺、横目遠藤甚左衛門・有留金次郎・遠藤仁左衛門・遠藤仁助、作見舞上妻仲兵衛・上妻圓右衛門・遠藤勝次郎・有留十郎・羽生勘次于某々寺各三七日、向村人謀以早稲不登請賜之検見、所司往檢之則稲未及熟、其豊歉不可豫卜也、蓋村人之意在於誣上以欲減租額耳、而平次等實與焉、故及之、功才太吉亦納炭贖罪、

表２－29 『種子島家譜』災害年表

番号	史料番号	年月日	グレゴリオ暦	災害種別				被災地	史料引用
				風水害	飢饉・虫害	地震津波	火山		
411		慶應元年11月12日	1865/12/29	颶					十二日、厨船発港[更代船]、洋中遇颶、幸至屋久島而免、是秋諸司之役于覺邸者艤以待風、九月至十一月未得便風、衆皆憂瓜代愆期、此日天色昏黒、然風頗順、命使解纜、舟人不肯強之、時副船甚小、船長某堅執不可、於是其所乗者皆徙萃大船、乃犯風濤而発、距馬毛嶼五里許、風雨益急、舟幾覆者數矣、乃収帆縛柁、出没掀舞三晝夜、十四日黎明至屋久洋、去島里許、潮勢逆行舟不進、乃碇于大洋中、既而嶋人使快舸二隻来救、而相慰曰、吾曹亦先公之遺民也、今日之事豈不努力、諸君其少安、乃施縄於本舟而挽之、舟行如箭、轉瞬間入安房河而泊、衆皆相賀、其年十二月発屋久島亦遇風不順而歸種子島、明年二月得始抵覺府、
412		慶応2年2月26日	1866/4/11						*二十六日、賜安納村之鎌田十之丞金若干、且賜書曰、以賞汝之忠勤云、十之丞素以清白称焉、屢為衆所推或為横目或里正、幾無虚歳、而其執職也精敏、勧農節用、設社倉以備非常、向者 官之丈量田圃也費用許多、如他村諸吏則額外厚歛以償之、十之丞獨用其嘗所貯焉不敢取於民也、其餘臨時用度亦然矣、下服其恵上愛其忠、故賞典及之、是日賜日高平藏金若干、亦賞其居家也孝於父母友於兄弟而其奉職也忠且敏也、*
413		慶応2年6月29日	1866/8/9	大雨風				種子島	二十九日、大雨風、此夕夷舶破壊于竹崎小島、免者僅三人[中一人黒夷]、其明七月朔、浦人見海礒上如鬼者立以手招己也、駭以為怪、及遣舟窺之始知其爲人、即救而至舎、報之政府、府使家老西村段左衛門時起以下所司數名與本藩之見聞役柏原孫右衛門・渋谷彦市等住為之處置、言語不通、彦市頗解洋音、乃譯曰、彼之言曰、吾輩為『ロ＋英』商、先是某月日自甌子多羅利運石炭南京・上海、昨夕適過此洋、風雨夜黒、操縦失術、卒致至此極、幸荷諸君之撫存、以得免於死、敢謝云、有屍浮出者、収而埋之、乃使組頭平山武肅護送夷人府下、館于慈遠寺待遇最加厚、以近日官與英國輸平也、又遣武肅報状覺府、物奉行某與其属吏猶在竹崎、使善水者採貨物之沈在海底者、獲大銃二門・大小鉄鎖二聯・鉄錨及鉛・錫類、不可擧計、乃使吏監焉、以待 官裁、後 官賜之于我、是月二十二日、奉 官命使組頭種子島郷兵衛及筆吏某・醫某・庖丁某護送夷人覺府、
414	88	明治元年	1868/10/23		天災不被黙止			種子島	(八八の1) 御勝手方 御物奉行所 本坐 御物奉行所 古問付方 右者、今般御変革二付、三坐合并兼務被仰付候、 納戸方 兵具方 右書同段、両座合併兼務、 普請方 山奉行所 右書同段、両坐合併兼務、 辰五月十五日 御役所 宇左衛門(西村) (八八の5) 今般御変革二付、左条之通、 一無役高之儀、此涯一往本出米上納被仰付候、 一高付屋敷一ヶ所、紺屋・畳屋・百姓屋敷・水主高、此涯一往有役高二被仰付候、 [但士以上知行高五石以下之面々、高付屋敷一ヶ所、屋敷之分者是迄之通、無役地被仰付置候、] 一會所番人此節御引取、脇人江無扶持二而屋番被仰付候、 但不時家之始末、両町江被仰付候、 一濱御屋敷番人此節御引取、脇人江無扶持を以被仰付候、 一御席詰之節、御役人・御用人迄二而相済候様被仰付候、 一御役替之節、承知人上下着二而、御礼廻より者袴着二而、席詰之御役々計江被仰付候、 一御初狩之節、諸士調練支度又者着服勝手次第被仰付候、 一御初狩江御名代出張之節、手鑓・纒迄二而乗馬被仰付候、 一御名代之節、御物奉行出張二不及候、 一右同断之節、御用人手鑓二不及、乗馬被仰付候、 一右同断之節、西之表庄屋進上物等引取二而、御挟肴一通御盃迄二而、御蔵方仕出被仰付候、 一米穀之儀、御國家第一之品物二候得者、乍此上精々農事引勧、以來可成丈上見引入等無之様、堅被仰付候、 一田地普請又者天災不被黙止、万一及上見候節者、御役人・物奉行不及差入、高奉行任二被仰付候、 一大山野見掛五部一上納之儀、以來一涯嚴重可被仰付候、 一古畑部二大山野穀之儀、取調へ被仰付候、 一作見舞并山役・牧見舞・黍見舞等者伺二不及、於支配坐人撰を以申付候様被仰付候、 一盆祭礼踊之儀、子共中踊又者俄狂言迄一通いたし候様被仰付候、 一郷士之二男・三男より者、足軽二而分立被仰付候、 一中宿士、來巳之年迄之間府元江不相直候ハヽ郷士被仰付候、 一種子嶋米品合不宜、直組沙汰等二相拘候二付、赤玉等無之様[illegible]三十日位之間之心當二而、調練稽古方として出府被仰付候、組頭よりも一人ツヽ出府二而、此前之舊習を改、如何二も輕便出立被仰付候、 但郷士入交之事 右、御変革二付、御用聞衆御會談席及治定候条、掛向江も篤与得其意、時機不都合無之様可致處置旨可被申付候、 御役所 御物奉行 御用人
415		明治2年8月3日	1869/9/8	大風				種子島	八月三日、大風、大木抜、巨石裂、牛馬壓死、民屋倒者不可勝計、自始祖受封公以来未嘗有之災害也、

表２－30 『種子島家譜』災害年表

番号	史料番号	年月日	グレゴリオ暦	災害種別 風水害	飢饉・虫害	地震津波	火山	被災地	史料引用
416		明治2年8月27日	1869/10/2	風濤				種子島	二十七日、公携近侍下村十郎・吉良齋硯・河内一甫、小奴長野次郎、包丁大木良太郎等強犯風濤而発港、是日、闔邑臣民老幼貴賤絡繹追随送至海岸、哀痛呼號聲震街衢、二十九日、就覊邸謹按、在昔高祖受封公之始受封于南海十二島也、蓋在建武『久』二・三年間、爾來歴年六百有餘經世二十五、至此而舊封盡見削収云、是月（ママ）、以舊臣平山寛蔵・知覧幸左・渡邊昌蔵・前田譲蔵等為侍史使記録公室世譜事、係明治二年九月以下者、寛蔵等請其書法猶仍舊慣、許焉、
417		明治2年9月	1869/10/5	大風				種子島	是秋、大風、民飢、副役養田氏巡視諸村大減其租額、蓋以此収民心也、愚民頗悦、然遂不能接濟、屢乞糴于本藩、 官慳敢多與焉、且舟船往来或經数旬、野殆有餓孚、初我公室尤用心于民、以本島僻居海中不能仰救助於隣州、故年豊額外増租儲之府庫以備非常、謂之重租、或遭凶饉災厄則発之以賑救焉、故雖豊年民能省冗費不敢荒寧、雖凶歉亦無饑凍之色、至是民始思是追慕不已、其明年、税吏来促税太急、正税之外毎米一苞別収一升、謂之口米、其他比我舊法更苛且劇、怨怏之聲盈路、乃益思我舊治云、

元禄元年八月一八日（一六八八年九月一二日）は、終日台風に見舞われ、潮水が大いに溢れ出したと記されています。この台風は「七八十年来未曾有」のものと認識されていたようです。この台風によって、海辺の人家は漂流し、八四九軒が倒れ、一七〇頭の牛馬が死に、大小の船二二艘が壊れ、五穀七四九石余りの被害があり、多くの田畑が破壊されたことが知られます（４）。さらに同年、旱魃にも見舞われ、「五穀不熟」で大飢饉となっています（５）。そこで、竹の実を食べて飢えをしのいでいましたが、その竹も枯れてしまったといいます。その竹の実の味は米のようだ（「味如米」）と記されています（６）。

元禄九年（一六九六）～延享三年（一七四六）にかけて、種子島は度重なる台風と洪水に見舞われます。

元禄九年九月八日夜半から九日朝にかけて大風に見舞われ、倒れた家を数え上げることができないほどの被害を受け、一一二〇俵余りの損失があったことが知られます（１４）。元禄一四年八月一一日（一七〇一年九月一三日）の台風によって島中が飢饉となり（１６）、元禄一五年には二度（17・18）、元禄一六年（19）にも台風が襲来していることがわかります。とくに元禄一五年一〇月一七日（一七〇二年一二月五日）は前浦で船一〇艘が壊れるという被害を受けています（18）。宝永四年六月（一七〇七年七月）は大きな旱魃と蝗の発生により苗が枯れるという被害を受けますが（20）、同年八月一九日（一〇月五日）（21）、九月一三日（一〇月二八日）（22）には台風によって損壊した田地が多かったことがうかがえます。宝永六年には台風によって牛馬一一〇二頭が死亡し、家一〇三軒が倒れたこと（24）が、正徳元年七月二二日（一七一一年九月四日）には台風によって男性一名が死亡、七七一軒が倒れ、四五匹の馬が死亡したこと（25）が鹿児島の藩庁に伝えられています。享保一四年（一七二九）は三度の台風に見舞われ（29～31）、元文三年八月五日（一七三八年九月一八日）夜から六日にかけて洪水による峰の崩壊（34）、寛保元年七月二一日（一七四一年八月三一日）夜から翌朝にかけて台風による洪水が発生し、田地二二六五石余り、倒れた家二九九六軒、死亡した馬一一四四、死亡した牛二一頭という被害を受けたこと（35）がわかります。図1からも一六九〇年～一七一五年、一七二五年～一七四〇年は気温が高く、湿潤な気候であったことが知られます。

【強い乾燥期】正徳四年五～七月（一七一四年六～八月）にかけて、雨が降らず、「五穀不熟」となっています（27）。その後一四年余り、『種子島家譜』には記事が見られないのですが、図1③より一七二四年ごろまで強い乾燥期が続いていたことが予測されます。

【宝永の大地震】宝永四年一〇月四日（一七〇七年一一月一七日）、地震による津波で、現和村庄司浦（西之表市現和庄司浦）の人家一〇軒が流失したことが記されています（23）。これは、東海道沖から南海道沖を震源域として発生したM八・六の巨大地震、いわゆる宝永の大地震の影響で、この庄司浦で五〜八メートルの津波があったといわれています（『日本歴史災害事典』『日本被害地震総覧』）。この地震は南海トラフのほぼ全域にわたってプレート間の断層破壊が発生したと推定されており、今後発生が予測されている南海トラフ地震に対し、種子島においても十分な警戒が必要だということを教えてくれます。

【享保の飢饉】享保一七年六月上〜下旬（一七三二年七月二二日以降）に蝗の発生による被害で稲が枯れ、租税の三分の二を減じており、享保の飢饉の影響をうかがうことができます（32）。元文三年（一七三八）秋には虫除けのため僧侶に祈祷させています（33）。このほかに、文化一二年八月八日（一八一五年九月一〇日）には、安城村・国上村・茎永村・西之村・現和村・西之表村・古田村・平山村で蝗による甚大な被害を受けたことが知られます。そのさい、これまでと同じように本源寺において僧徒による祈祷を行うほかに、郡奉行に命じて鉄砲を使って追い払っていたことが知られます（157）。元禄元年（一六八八）の改めでは、島内に「六匁下」

の鉄砲が一九一挺あったことが知られます（「懐中島記」）。

【雨乞いのあとに大雨が降る】延享三年（一七四六）～文化元年（一八〇四）にかけて、鴨女川（甲女川）や中嶋、本源寺において「雩（雨乞い）」が行われたという記事が多くなります。

羽生道潔が記した「薩摩国種子島家御家年中行事属類雑記」（天保七年三月一五日著）には、「雨乞御祈祷の事」として、旱魃のさいは種子島家の菩提寺である本源寺において、三か寺（本源寺・慈遠寺・大会寺）合同で三日間祈祷し、三日のうちで雨が降らなければ、その後は一七日も二七日も祈祷三役が一人ずつ出勤し、さらに祈祷の効き目がないときは洲崎中島か甲女川岩立か祈祷場所を替えて異なる修行を行うと記されています。２４１には、天保三年七月一八日（一八三二年八月一三日）より本源寺において雨乞いを行っていたが効き目がなく、八月一三日（九月七日）から甲女川岩立にて雨乞いをしたところ一四日から雨が降ったと記載されており、「薩摩国種子島家御家年中行事属類雑記」の記述を裏付ける様子がうかがえます。

延享三年六月五日（一七四六年七月二二日）、鴨女川において僧侶三〇人に雨乞いをさせています。すると、すぐに雨が降ったため、褒美として米一包が与えられています（４０）。ところが、その三か月後の八月二三日（一〇月七日）、大風・大潮で田地二一六〇石余りが崩れ、流家八軒、倒家五八軒、損家一〇五軒、壊れた厩三二〇、死亡あるいは流出した牛馬二五四、大小三三艘の船が壊れる大きな災害が発生しました（４１）。これと同様のことがたびたび起こっています。寛延二年六月二〇日（一七四九年八月二日）の雨乞い（４８）のあと、六月二六日から二七日（八月八～九日）にかけて暴風（４９）、七月二日（八月一四日）には洪水が発生し、茎永村・平山村で田地が多くの被害を受けたことがうかがえます（５０）。安永七年（一七七八）二月（三月）から五月（六月）にかけて雨が降らず、中嶋と鴨女川で雨乞いが行われました（七六・七七）。すると、七月九日（八月一日）から一〇日にかけての大風で家七二軒が倒れたことがうかがえます（七八）。天明元年（一七八一）三月二三～三〇日（四月一六～二三日）、五月九～一一日（五月三一日～六月二日）に中嶋において雨乞いが行われました（八〇・八一）。すると、七月二七日（九月一五日）に大風・洪水が発生し、高一八九四石五斗余り、倒れた家八六軒、損壊した家四五八軒、死馬一五匹、死牛一五頭、流失船（二枚帆）三艘の被害を受けたことがうかがえます（８２）。文化元年六月一五・一六日（一八〇四年七月二一・二二日）、本源寺において雨乞いが行われました（１０４）。その後、七月二五日（八月三〇日）に大風が発生していることがうかがえます（１０７）。

図１③によると、雨乞いを行っている年は、いずれも乾燥している年にあたっています。

雨乞いを行うと、必ずしもそれを超えた大風・洪水・大潮が発生しているわけではありませんが、当時の人びとは雨乞いの効果をはっきりと信じたのではないでしょうか。ひょっとしたら、天気をも操ることができると思ったかもしれません。

【天明の飢饉】東北地方を中心に発生した天明の大飢饉（天明二～七年〈一七八二～一七八七〉のころ、種子島はどのような状況だったのでしょうか。図1①と③より一七八一年はやや温暖で乾燥していますが、一七八三年から寒冷で湿潤な気候へと移り変わっていきます。表2においても、先述の通り寛政元年（一七八一）に雨乞いが行われていますし、天明五年五月一〇日（一七八五年六月一六日）には島中で洪水が発生し、田地一六町二反六畦二九歩が被害を（８４）、天明六年八月二八日（一七八六年九月二〇日）には大風によって木が倒れ、稲が痛む被害を受けています（８６）。そのため、稲が実らず、農民も窮し、年貢を納めることを怠る者が数多く出ていたことが知られます。寛政元年四月一三日（一七八九年五月七日）、種子島久照が第二二代島主となって初めて種子島を訪れたさい、年貢の滞納分の利息を免じたり、頼る人もいない独り者に対して穀物やその利息分を与えたりしています（８７）。また、同年には、近年凶作が続いているため、島中飢饉となり、救い米を他国より買い入れている様子が知られます。しかし、以前からの借銀に加え、大坂よりの借銀も多く、返済の見込みがたたないため、御用木（貞享三年〈一六八六〉の改めで五葉松・椨（たぶ）が九四八本あったことが知られます〈「懐中島記」〉）以外の木を売買したいと種子島の役人が願い出ていることがわかります（89）。種子島における天明の飢饉は、寒冷・湿潤によって引き起こされたということができます。

【文化の大飢饉】文化元年・二年（一八〇四・五）には大きな飢饉が発生しています。図1から気温が高く、かつ湿潤な気候であることがわかります。

この飢饉は、蝗の発生（「當夏以来田方過分之虫入有之」）と台風（「去月十五日・同廿五日、両度之大風」）によって引き起こされたことが知られます。蝗の発生により一八か村中七か村が無納となり、種子米（種籾）が下されなかったため来年より田地を荒れ地にするほかない状況でした。また、二度の台風によって塩がかかり、枦の実（蠟や油を作ります）、そのほか諸雑穀にいたるまで痛みが強く、筆紙に尽しがたい状況であったことがうかがえます（117）。それに加え、「大疫」によって多くの人命や牛馬の命が奪われました（115）。

種子島氏は、家老・物奉行・用人を鹿児島に派遣し、年貢を減免して庶民を救うための話し合いを行っています（109）。また、救い米として米一〇〇〇俵を直に種子島へ買い下ろすこと（111）、他国より米を買い入れても一時しのぎにしかならないため種子籾一〇〇〇俵（真米・赤米半分、一俵三斗五升入）を支給すること（114）、三年目に返済することを約束した借銀（銀三〇貫目）をすること（118）、肝付表や山川あたりの船の往来がよい場所から一〇〇〇石の米を拝借すること（125）などの救済を願い出ていることがわかります。

文化二年春より秋に至るまで、他国より一一二二石余りを買い入れ、武士や庶民の飢えを救い、かつ家老や医者に村里を巡察させて飢えを救い、病気の治療にあたりました。それにもかかわらず、死者が一〇〇〇人に上ったことが知られます（134）。

こうした状況に対して、高山組（肝付町）の蔵下代を務める田實彦七から白米八七石五斗と赤米一七五石、柏原組（さつま町）の蔵下代を務める隈元彦八から白米八七石五斗が島の人びとに与えられたことがわかります（122）。

種子島の甚兵衛は自船（二三反帆）を鹿児島の水間次郎左衛門へ売り渡し、その代金で瀬戸内や鹿児島の山川で米三三〇石、味噌二五〇〇斤、醤油粕五〇〇斤、米二二〇石を買い、種子島に運び入れています。文化八年（一八一一）、種子島家はこの甚兵衛の功績を称えて武士に取り立てようとします。ところが、商売に不都合であるとして、甚兵衛は謙遜固辞します（143）。文化九年一〇月九日（一八一二年一一月一二日）にも、甚兵衛を武士に取り立て禄地を与えようとしましたが、生業に害があるとして辞退しています（151）。

種子島佐渡の家来である柳田龍助は蔵方救い米の足しにと銭一〇〇貫文を納めています（135）。これに対して、文化二年（一八〇五）、種子島家は柳田龍助に高一石を与えています。

このように、種子島の飢饉さいし、薩摩藩領内の他の地域や個人からの救済・援助があったことが知られます。

東北地方をはじめとする本州では、温暖化によって好調な米の生産が続いていた文化元年・二年に、南国の種子島では、むしろ「七拾年来無之大凶作」「無類之災殃」「無類之凶作」「誠ニ絶言語候災殃」「往古より無之事」というべき大飢饉が発生していました。温暖化は、東北日本にはよい影響をもたらしましたが、南西諸島には大きな被害をもたらしたといえます。

表1によると、文化九年（一八一二）～文政三年（一八二〇）は寒冷で湿潤な気候、文政四年～文政一三年は温暖で湿潤な気候で、この三〇年周期で最も湿潤であることがわかります（１５２や１６８、１７１、２０１の例外はありますが）。

文政七年一二月三日（一八二五年一月二一日）、大風・洪水によって茎永村の岸が崩れ、椎木門名子六太郎の妻と女子、井手平門名子七蔵の男子犬之子が圧死し、直ちに横目が検使に向かっていることが知られます（１８２）。また、文政九年四月九日（一八二六年五月一五日）には現和村の郷士小山田善五郎が川上に秣（まぐさ）刈りに出かけたところ、ゲリラ豪雨（「雨頻降」）によって水が溢れ、溺死したことが知られます（１９３）。文政一〇年一一月三日（一八二七年一二月二〇日）、坂井村の柁潟塩戸で大きなつむじ風が起こり、火が煽られ、人家を焼き払ったことが記されています。文政一一年八月九日（一八二八年九月一七日）にも、現和村大峰よりつむじ風が起こり、東北方面に吹き去り、人家を壊して菖蒲平へと抜け、そこから北上し国上村寺之門へ至り、そこで折れ曲がり海への抜け出ていることが記されています。それによって巌は崩れ、峰は割れ、樹木は大小なく折り砕かれ、大きな松は数町外へ吹き飛ばされています。国上村では家一三軒が倒れ、損壊した家は数え切れないほどでした。なかでも河内甚左衛門の家が倒れ、甚左衛門および外孫嘉平太女子が圧死、喜平太妻は隣人の助けによって死を免れることになりました。ところが、火が起こり、瞬く間にあたりを焼き尽くしてしまい、二人の亡きがらが灰となったと記されています（２０７）。

【天保の飢饉】東北地方を中心に大雨による洪水や冷害による全国的に発生した天保の大飢饉（天保四年〈一八三三〉～同一〇年）のころ、種子島はどのような状況だったのでしょうか。

図1によれば、寒冷で乾燥している気候であることがわかります。表2によれば、天保四年に台風・洪水、同五年に蝗、同六年に台風・潮水・旱魃、同七年に台風・疱瘡、同八年に台風・旱魃、同九年に台風・蝗、同一一、一二年に台風・洪水が発生して凶年となっていることがわかります。種子島における天保の飢饉は、旱魃・台風・虫害によって引き起こされていたことがわかります。

【嘉永の長雨と台風】嘉永三年（一八五〇）、この夏は長雨と台風によって田畑の痛みが強く、蔵米のうち一〇〇〇石余りを引き入れ、さつまいも（唐芋）も例年の半分くらいもなく、粟や蕎麦などの産物は全て絶え絶えになっており、年内中の食べ物はなんとかなっても来春から夏にかけての食べ物は芋類もなく、みなみな飢えをしのぐ手段がまったくない状態であることがわかります（３４２）。この台風で七三二軒の家が損壊（３４１）、潰れ堤が六か所、潰れ溝が三五か所、二一四四石八升六合六勺の減免が行われたことが知られます（３４３）。

【安政の水害】安政六年（一八五九）五～六月（六～七月）にかけて、大雨や水害が頻発し、鶍川の橋が壊れ（３９０）、上中・西之表・住吉・伊関・安納村では水害による田地の損害が大きかったことが知られます（３９０～３９３）。

以上のようにみてくると、図１の高分解能古気候データと表２の『種子島家譜』の記述に相関性があることがわかります。どうやら種子島の歴史は災害とともに歩んできた歴史ともいうことができそうです。

当時の人びとは、こうした気候の移り変わりに翻弄され、なす術もなく、ただただ手をこまねいて、それを運命として受け入れていたのでしょうか。Ⅵ章では、気候の移り変わりに対する当時の人びとのさまざまな対策（長期的・短期的）に目をむけてみたいと思います。

Ⅵ　災害への対応力、災害からの復元力

それでは種子島の人びとは気候変動という危機に直面して、あるいは危機を予見して、どのような対策を講じていたのでしょうか。当時の人びとの災害への対応力、そして災害からの復元力に注目してみたいと思います。

1　飢えをしのぐ

当時の人びとは、救荒食として竹の実や蘇鉄を食べていたことが知られます。とくに、種子島の西方に位置する馬毛島へ渡り、蘇鉄をとり、それを粉にして、水に浸してから食べていました（128）。蘇鉄の茎幹はでん粉にして食べるほか、切片を水洗いし、日干し、堆積して十分に発酵させたうえで煮て食べたり、種子を粥にしたり、実を味噌や醤油の材料にしていました（『蘇鉄のすべて』）。

文化二年（一八〇五）には蘇鉄を食べることで「殆數百千人」が生き延びたことが知られます（128）。しかし、飢饉のたびに馬毛島へ渡り、蘇鉄をとっていては、いずれはその蘇鉄もなく

なってしまいかねません。そこで、文化五年三月一〇日（一八〇八年四月五日）、家老である上妻七兵衛宗愛が馬毛島に渡り、そこに蘇鉄を植え付け、馬毛島での野火（焚き火）を禁止しました。この政策によって、馬毛島の蘇鉄が救荒食としての位置を保ち続けることができたといえます（139）。

こうした「蘇鉄＝救荒食」という図式は、種子島だけではなく、島嶼地域において広く認識されていたようです。たとえば、天保二年一〇月（一八三一年一一月）の林前貞の「遺言記録」（『南西諸島史料集』第五巻）によれば、蘇鉄は「第一之宝」であるから植え付けるよう申し付けていることが知られます。この蘇鉄は、洪水や旱魃にかかわらず、草取りなどの手入れも不要で、風にも痛まず、植え付けてさえおけば自ら成長し、凶年のさいの助けとなると認識されていました。そのため、飢えをしのぐものにはこれより優れた食べ物はほかになく、土地が少なくとも、空き地があれば蘇鉄を植え付けることが肝要であると遺言されています。また、土地を売買するさい、蘇鉄が植えられている場所は、それだけで高値で取り引きされることも記されています。それゆえに毎年植え付けることが重要だと述べているのです。

2　領主の力

延享元年（一七四四）、島の財庫である「府庫」に救いを求め、それにより一三二五人が救われたと記されています（36）。また、宝暦一三年四月一三日（一七六三年五月二五日）には、種子島より船を鹿児島藩庁まで遣わして買い米を求めています（70）。

寛政元年四月一三日（一七八九年五月七日）、種子島久照が第二二代島主となって初めて種子島を訪れたさい、年貢の滞納分の利息を免じたり、頼る人もいない独り者に対して穀物やその利息分を与えたりしています（87）。

天保四年（一八三三）、その「府庫」も困窮し、買い米が困難になったさい、そのことを大きく憂いた松寿院が所蔵金のなかから二〇〇両を出しています（252）。この松寿院とは、薩摩藩主島津斉宣娘で生後三か月で五歳の種子島久道（二三代）に輿入れしたのですが、三三歳で夫と死別してしまいます。つぎの島主が決定するまでの一三年間、島の政治を行いましたが、その島主も若死にし、一歳の久尚が二五代島主となりました。しかし、松寿院が世を去るまで合計二五年間、政治を行っていました。幕末期、種子島の政治を執った事実上の女島主であったといわれています。

天保九年六月二一日（一八三八年八月一〇日）、家老日高源右衛門為武と物奉行上妻小左衛門定直が鹿児島邸に招かれ、そこで三原藤五郎らより明春より甘蔗（さとうきび）を植えるよう命じられ、島に帰り次第、諸臣へ伝えたことが記されています（２９８）。さとうきびは、大風や旱魃にも差し支えない作物として南西諸島で広く作られた作物のひとつです。

万延元年一〇月（一八六〇年一一月）、藩は常平倉を設置を命じています。常平倉とは、物価の調節や農民の救済のために作られた藩営の蔵で、米余りで価格が安いときに買い上げ、また供給量が少なく米価が高いときに放出して、米価が極端に変動しないように調節するものです。種子島では、一万六〇〇〇石余りを囲い、毎年秋に新米で当分の米を囲い、そのほかは年貢を納めた残りを籾で買い上げ、凶年のさいには籾摺りのあと払い下げていたことがわかります（４０１）。

「国家の政道に外れた行いがあったとき、地震・大風・洪水・旱魃・飢饉・疫病が打ち続き、万民が苦しむ」（伊能豊「大嶋御仮屋教訓書」明治九年〈一八七六〉五月）と認識していた当時の人びとにとって、こうした領主による領民救済は責務ととらえていたと考えられます。

3　検地を請う

宝暦元年八月一七日（一七五一年一〇月六日）、この年の旱魃・大風・痘疹流行などを理由に検地の時期を遅らせることなく、検地を実施するよう命じています（54）。度重なる大風・洪水の発生で田地が壊れ、また旱魃や蝗の発生によって不作が続くと、これまでの検地にしたがって年貢を納めさせることが難しくなります。そこで役人を巡検させ、村々の実情を把握させるわけです（299・336）。そして、その損害の軽重にしたがって、年貢の減免を行うことになります（148ほか）。

一方、こうした検地を不正に利用する者も現れます。文化一二年一一月一二日（一八一五年一二月一二日）、安城村庄屋長野太左衛門・故横目田上木工左衛門・小川兵左衛門・日高紋左衛門・作見舞田上六郎太・鮫島孝四郎・長野才之進が寺入り（罪人を寺に預けて禁錮すること）三か月を申し渡されています。これはかつて不作であったことから検地を行ったさい、例年通りおおよそで税率を定めました。しかし、これを改めて尋ねたところ大変少ない申告であったことから罰せられたのです（160）。

文化一三年閏八月一七日（一八一六年一〇月八日）、鮫島甚右衛門が清浄寺へ寺入り六か月、八板庄右衛門が淨光寺へ寺入り六か月を申し渡されています。この年、安城村にて蝗が発生し、相談のうえで定賦を減ずる日、庄右衛門は損失を計算して税を定めました。ところが、これを調べたところ、大きく齟齬していることが発覚し罰せられたのです（166）。

このように検地を行うことで、村の損害を把握し、年貢率を実情に合わせることが可能であると同時に、検地をする側の不正の温床になっていたこともうかがえます。

4　神の力

表2では、三か寺（本源寺・慈遠寺・大会寺）を中心に雨乞い、虫除けの祈祷が行われていました。その三か寺は潮風祈祷も行っています。「薩摩国種子島家御家年中行事属類雑記」の「潮風御祈祷の事」によると、毎年六、七月ごろに普請方が御札を作成し、それを三か寺で潮風祈祷し、その「御祈祷札」を島中の村々へ渡すと記されています。御札の枚数は本源寺一三枚、慈遠寺四枚、大会寺二枚であったことがわかります。ただし、「薩摩国種子島家御家年中行事属類雑記」が書かれた天保七年（一八三六）ごろには、この潮風祈祷は断絶しており、その理由もわからないと記されています。

また、種子島の北端に位置する国上村と、南端に位置する西之村においても「潮祭」が行われていました。「懐中島記」によると、国上村の「貴志加美」（御崎貴志加美神社）と号する岬において、毎年六月一五日に老若が集まり、潮風の災い除けの祭礼を行う古例があると記されています。また、西之村の「加登久良」（門倉）と号する岬において、島尾大明神を勧請して、毎年九月一九日に潮風の災い除けの祭礼を行う古例があると記されています。

5　民間の力

ただ領主や神の力に頼るだけでなく、民衆自らも立ち上がります。

文化二年（一八〇五）、米五包が住吉村に与えられます。この飢饉にさいし、島中の民衆が救いを求め、住吉村もまた同様に飢えていました。ところが、「府庫」が空になることを考え、村民はともに草の根を食し、「府庫」に助けを請うこともなかったため、その篤実さが賞されたと記されています（130）。

文化八年一二月一日（一八一二年一月二四日）、米二石が古田村の村民に与えられています。この年の洪水によって、多くの水路が壊れたようです。本来であれば「府庫」を使って修繕すべきところであるにもかかわらず、「府庫」が空になることを考え、自らこれを修繕したことが賞されました（145）。

文政九年二月一〇日（一八二六年三月一八日）にも、米五石が古田村の村民に与えられています。去年の夏の洪水のため田地が破壊されたため、それを自らの手で修繕したいと願い出ています（190）。同日、住吉村・納官村・野間村からも同様の願いが出されています（191）。修繕後、高奉行が点検したところ、堅固に修繕されており、公共のために村民が自らの手で修繕したことを賞しています。民間の力を侮るべからずといったところでしょうか。

文政一〇年三月一一日（一八二七年四月六日）、米一五石が西之村に与えられています。これも洪水によって破壊された田地を、「府庫」の助けを待たずして修繕したことが賞されました（199）。

天保四年八月一三日（一八三三年九月二六日）、米一石が西之表村・住吉村に与えられました。この年の凶作にさいし、多くの村里が救い米を求めました。ところが、この二か村も困窮するといえども「府庫」の空耗をおもんぱかり、飢者が出れば親戚や隣里で救恤し、救い米を受けなかったと記されています。その志が賞されました。また、西之表に米・粟などを納めて府庫を助ける者も数人あったことが記されています（256）。

慶応二年二月二六日（一八六六年四月一一日）、安納村の鎌田十之丞が若干の金と書を賜い、その忠勤を称されたと記されています。この十之丞は、生まれつき清廉潔白で、しばしば村民に推されて横目や庄屋を務め、その仕事ぶりたるや精敏で、農業を勧め、節約に心がけ、社倉（飢饉などに備えて米、雑穀を備えておく蔵）を設けて非常に備える、そのような人物だったようです。藩の田地を測量するさい、多くの費用がかかりました。そのさい、他村の役人は規定外に村民から徴収してそれを補いましたが、十之丞は自らの蓄えを用いて村民から徴収することはなかったといいます。こうした十之丞に対して、「下は其恵に服し、上はその忠を愛す」と記しています（442）。

危機に直面したさい、領主からの救済や援助を待つのではなく、民衆自らが危機に対応し、日常を回復・復元したさいに賞されていることがわかります。一方、こうした民衆を賞することで、民間の力を活用しようとする領主側の意図もうかがうことができるでしょう。

6　藩の政策と実態

文政九年（一八二六）の春ごろから、甘藷（さつまいも）の苗、葉、蔓を食べる虫が発生し、毎年被害を受けています。そのため三か寺で虫除けの祈祷が行われています（195・200・202・213・222）。

天保二年二月二八日（一八三一年四月一〇日）の記事にはつぎのようにあります。藩は蚕を島中に勧めて、その糸（絹糸）を高値で買います。島民はその高値を喜び、養蚕に精を出しました。ところが、たまたま甘藷の苗を食う虫が発生し、年々その数が増え、ついには甘藷の茎を食らうようになりました。それ故に甘藷が熟せず、島民が飢餓に及んだといいます。そのことを世間を挙げて考えるに、その虫は蚕が羽化したものではないか。しかしながら証拠もないため、島民は養蚕を強いられます。なおも納得できず、藩へ訴えるものの許されず、引き続き養蚕を強いられることになるのです。そこで、試みにしばらく養蚕をやめることを訴え、三年の許しを得ることができたと記されています（２２８）。

天保五年一二月一一日（一八三五年一月九日）にも家老に上書して、絹を製する蚕を養うことをやめたいと願い出ました。毎年、甘藷の葉を食らう虫が発生し、その虫は蚕が羽化して害をなしているとの言い伝えがあって、島民がとても悩み苦しんでいると記されています（２７１）。甘藷の葉や苗を食う虫の駆除のため、僧徒や山伏の祈祷が以後も繰り返されています（２６４・３０９）。

しかしながら、蚕が甘藷の苗や葉を食べるということは考えにくいことです。したがって、島民の害虫に対する知識が乏しいか、あるいは島民の養蚕に対する忌避感がこのような言動につながったのではないかと考えられます。こうして養蚕事業が終焉を迎えることになります。

そのようななか、文政一〇年正月二三日（一八二七年二月一八日）、種子屋敷役人の知覧行寛がつぎのように願い出ます（１９７）。

文化元年の無類の凶作で島中の人びとが飢えに苦しみました。そこで、鹿児島や大坂から借金をすることでなんとか人命を救うことができました。ところが、利息などが重なって返済することができなくなり、銀主より厳しい催促にもかかわらず、返済の手段がありません。また、種子島は遠海上にあるため金銭がの使用が不自由で、これといった産物もなく、ほかにそれを補うものがありません。そこで、この島の山野には手広な場所があるので、そこに黍（さとうきび）を植え、砂糖作りをすることを許可していただきたい。きっと藩の利益にもなるかと思います、と。

これといった産物がないなかで、手広な土地を活かしたさとうきび栽培を願い出ているのです。このころ、種子島は全体的に手広な土地があるにもかかわらず、以前より「農業緩疎之習俗」が自然と広がっていたようです。それに加え、郡奉行をはじめ下役にいたるまで農事を推し進めることをいい加減にしていたといいます（２８８）。

この知覧の願い出は受け入れられたようで、天保一〇年一〇月（一八三九年一一月）の「知覧行寛口上覚」によると、近年中には出来高が増すので、砂糖定数斤を一五万斤から二〇万斤に上げ、さらに山野などにさとうきびを植え付けることを許可するよう願い出ています（３０４）。

種子島の人びとは、手広な土地があるという地形を活かして、さとうきび栽培を主体的に選びとっていったことが知られます。

7 「端島」であるということ

この『種子島家譜』には、種子島のことを表す「端島（列島の端の島）」がキーワードとしてたびたび用いられています。たとえば、種籾が渡されなければ、「端嶋之儀調達之主便無之」（端島なのでそれを調達する方法がない）、「地方とハ相替リ、端嶋之事ニ御座候得者、外ニ稼方等之動キ一切無之」（陸地と異なり、端島なのでほかに収入を得るための方法が一切ない）、「種子島之儀者全躰端島ニ而格別之産物迚茂無御座」（端島なのでたいした産物がない）、「全躰當嶋之儀者、地方と相替り端嶋ニ而、銀銭之通融不自由之場所」（通貨の使用が不自由な場所）のように、それを種子島（島嶼地域）がもつ特質として位置づけているように思えます。

気候変動や経済システムの影響を受けやすい「端島」ゆえに、常に危機への対応、危機を予見した対応を迫られていたということができるでしょう。

Ⅷ　おわりに──歴史から教訓をいかに引き出し、現代に活かすか

本書では、江戸時代の種子島における気候と歴史の因果関係について、高分解能古気候データ

と古文書（『種子島家譜』）を用いて論じてきました。

江戸時代は稀にみる文書社会といわれ、大量の古文書が作成された時代です。現在まで多くの古文書が残されていますが、それはたまたま残っていたというような偶然の産物ではありません。それはさまざまな政治的変動や災害（戦災・自然災害）、歴史書の編纂事業、他文書の流入といった、いくつもの史料滅失の危機から免れ、大切に保管されてきたものなのです。本書で用いた『種子島家譜』もまた、空襲や火災といった「災害」から復元されてきた史料ということができます。したがって、本書は、こうした史料を守り、伝えていこうという人びとの営みのうえに成り立っているといえるでしょう。

種子島の歴史を振り返ってみると、それは災害と共に歩んできた歴史ということができます。しかし、当時の人びとは災害に対しなすすべもなくあきらめていた、身を委ねていたわけではありません。領主と民衆が、時には神の力に頼りながら、こうした自然災害に対応し、そこから復元・復興してきたのです。洪水は河川工事、旱魃は用水路の整備、虫害は防虫、疫病は防疫と、現在では克服されたものもあります。しかし、そのことが島民がもつ、かつての経験を活かして自主的に判断する知恵や文化を奪い取ってしまうことにもなりかねません。歴史資料には、災害に対し、いつ、誰が、どのような対応をとったのかという、当時の人びとの知恵が詰まっています。災害対策のマニュアル化や定式化によって、自然災害と共に生きてきた事実や文化、復興の過程などの記憶や記録が消滅しかねません。本書は、こうした歴史資料のなかの、当時の人びとの知恵や教訓、声に耳を傾けたつもりです。

しかしながら、こうした歴史資料も、大規模な災害によって失われる可能性があります。歴史資料がなければ、そこに人がいなかったこと、そこに地域がなかったことになってしまいます。だからこそ、いまある資料（文化財の指定・未指定を問わない、民間所在資料を含む）を大切に保全する活動が大切になってきます。一九九五年の阪神・淡路大震災を契機に「歴史資料ネットワーク（史料ネット）」が設立され、いまでは全国に二四の団体があります。ここ鹿児島においても活動を行っています（http://kagoshima-shiryounet.seesaa.net/）。

こうした歴史資料を「地域歴史遺産」として守り、伝えることこそが、将来発生するであろう災害からの復元力や再生力を醸成することにつながるのではないでしょうか。「地域歴史遺産」が保全されれば、被災地域の社会や文化の復興の大きな力となるはずです。

『種子島家譜』に島の人びとが自然災害に対応し、そこから復興してきた過程、すなわち自然と共に生きてきた証拠が数多く記録されていることがわかりました。被害と対応の具体的なイメージが防災意識を醸成することにつながるでしょう。こうした歴史資料を用いて、地域住民の災害対応力や災害からの復元力・復興力を歴史学的に解明することは、島がもつ独自の文化を見直す契機となるのではないかと思います。

［附記］

本書は、鹿児島大学国際島嶼教育研究センター・平成二六年度学長裁量経費研究コアプロジェクト（島嶼）「島は一つの世界：大隅諸島総合調査」および総合地球環境学研究所「高分解能古気候学と歴史・考古学の連携による気候変動に強い社会システムの探索（代表者・中塚武）」（二〇一四〜二〇一八年度）による成果の一部です。

なお、表2の作成にあたっては内山大成さん、史料の翻刻にあたっては佐藤加奈江さんにご協力いただきました。また、図1、図2の作成にあたっては、総合地球環境学研究所の佐野雅規さんに貴重なデータをご提供いただきました。ここに記して感謝申し上げます。

Ⅷ　参考文献

※本書の執筆にあたり、多くの先学諸氏の研究を参考にさせていただきました。本書の性格上、

参考文献のすべてを列記することはできませんが、その学恩に深く感謝申し上げます。ありがとうございました。

中塚武「気候変動と歴史学」平川南編『環境の日本史①　日本史と環境―人と自然―』吉川弘文館、二〇一二年。

林匡「「種子島家譜」小考」『黎明館調査研究報告』第一三集、二〇〇〇年。

林匡「「種子島家譜」小考（2）巻二十七（文化8年）以後の「家譜」について」『黎明館調査研究報告』第一四集、二〇〇一年。

Cook, E. R., Krusic, P. J., Anchukaitis, K. J., Buckley, B. M., Nakatsuka, T., Sano, M. and PAGES Asia2k Members. Tree-ring reconstructed summer temperature anomalies for temperate East Asia since 800 C.E. Climate Dynamics, 41, 2957-2972, 2013.

Maejima, I. and Tagami, Y. Climatic change during historical times in Japan: Reconstruction from climatic hazard records. Geographical Reports of Tokyo Metropolitan University, 21, 157-171, 1986.

有薗正一郎『薩摩藩領の農民に生活はなかったか』あるむ、二〇一四年。

安渓貴子・当山昌直編『ソテツをみなおす』ボーダーインク、二〇一五年。

神戸大学大学院人文学研究科地域連携センター編『「地域歴史遺産」の可能性』岩田書院、二〇一三年。

菊池勇夫『東北から考える近世史』清文堂出版、二〇一二年。

菊池勇夫『非常非命の歴史学』校倉書房、二〇一七年。

倉地克直『江戸の災害史』中公新書、二〇一六年。

榮喜久元『蘇鉄のすべて』南方新社、二〇〇三年。

村川元子『松寿院　種子島の女殿様』南方新社、二〇一四年。


『鹿児島県史料　旧記雑録拾遺　家わけ四・八・九』鹿児島県、一九九四・二〇〇〇・二〇〇二年。

『薩摩国種子島家御家年中行事属類雑記』鹿児島県農地改革史資料五、一九五一年。

『種子島家年中行事』熊毛文学会、一九六四年。

『懐中島記』郷土資料集五、西之表市立図書館、一九八二年。

『種子島方角糾帳　神社仏閣其外旧跡等糾帳』郷土資料集七、西之表市立図書館、一九八五年。

『中種子町郷土誌』中種子町、一九七一年。

『南種子町郷土誌』南種子町、一九八七年。

刊行の辞

鹿児島大学は、本土最南端に位置する総合大学として、伝統的に南方地域に深い学問的関心を抱き続けてきており、多くの研究により成果あげてきました。そのような伝統を基に、国際島嶼教育研究センターは鹿児島大学憲章に基づき、「鹿児島県島嶼域～アジア・太平洋島嶼域」における鹿児島大学の教育および研究戦略のコアとしての役割を果たす施設とし、将来的には、国内外の教育・研究者が集結可能で情報発信力のある全国共同利用・共同研究施設としての発展を目指しています。

国際島嶼教育研究センターの歴史の始まりは、昭和五六年から七年間存続した南方海域研究センターで、その後昭和六三年から十年間存続した南太平洋海域研究センター、そして平成一〇年から十二年間存続した多島圏研究センターです平成二二年四月に多島圏研究センターから改組され、現在、国際島嶼教育研究センターとして鹿児島県島嶼からアジア太平洋島嶼部を対象に教育研究を行なっている組織です。

鹿児島県島嶼を含むアジア太平洋島嶼部では、現在、環境問題、環境保全、領土問題、持続的発展など多岐にわたる課題や問題が多く存在します。国際島嶼教育研究センターは、このような問題にたいして、文理融合的かつ分野横断的なアプローチで教育・研究を推進してきました。現在までの多くの成果を学問分野での発展のために貢献してきましたが、今後は高校生、大学生などの将来の人材への育成や一般の方への知の還元をめざしていきたいと考えています。この目的への第一歩として鹿児島大学島嶼研ブックレットの出版という形で、本目的を目指せたらと考えています。本ブックレットが多くの方の手元に届き、島嶼の発展の一翼を担えれば幸いです。

二〇一五年三月

国際島嶼教育研究センター長

河合　渓

佐藤宏之（さとう　ひろゆき）

[著者略歴]

1975年生まれ。

2005年一橋大学大学院社会学研究科博士後期課程単位取得退学。日本学術振興会特別研究員（ＰＤ）、法政大学・一橋大学大学院非常勤講師を経て、2010年10月より鹿児島大学教育学部にて教育・研究を担当。

鹿児島大学学術研究院法文教育学域教育学系准教授・博士（社会学）。

[主要著書]

『近世大名の権力編成と家意識』吉川弘文館、2010年（単著）
『現代語訳徳川実紀　家康公伝』１～５、吉川弘文館、2010～2012年（大石学・小宮山敏和・野口朋隆との共編著）

鹿児島大学島嶼研ブックレット　No.6

自然災害と共に生きる
―近世種子島の気候変動と地域社会

2017年3月31日　第1版第1刷発行
7月　6日　〃　第2刷　〃

著　者　佐藤　宏之
発行者　鹿児島大学国際島嶼教育研究センター
発行所　北斗書房
〒132-0024　東京都江戸川区一之江８の３の２（MMビル）
電話 03-3674-5241　FAX03-3674-5244
URL　Http//www.gyokyo.co.jp

定価は表紙に表示してあります